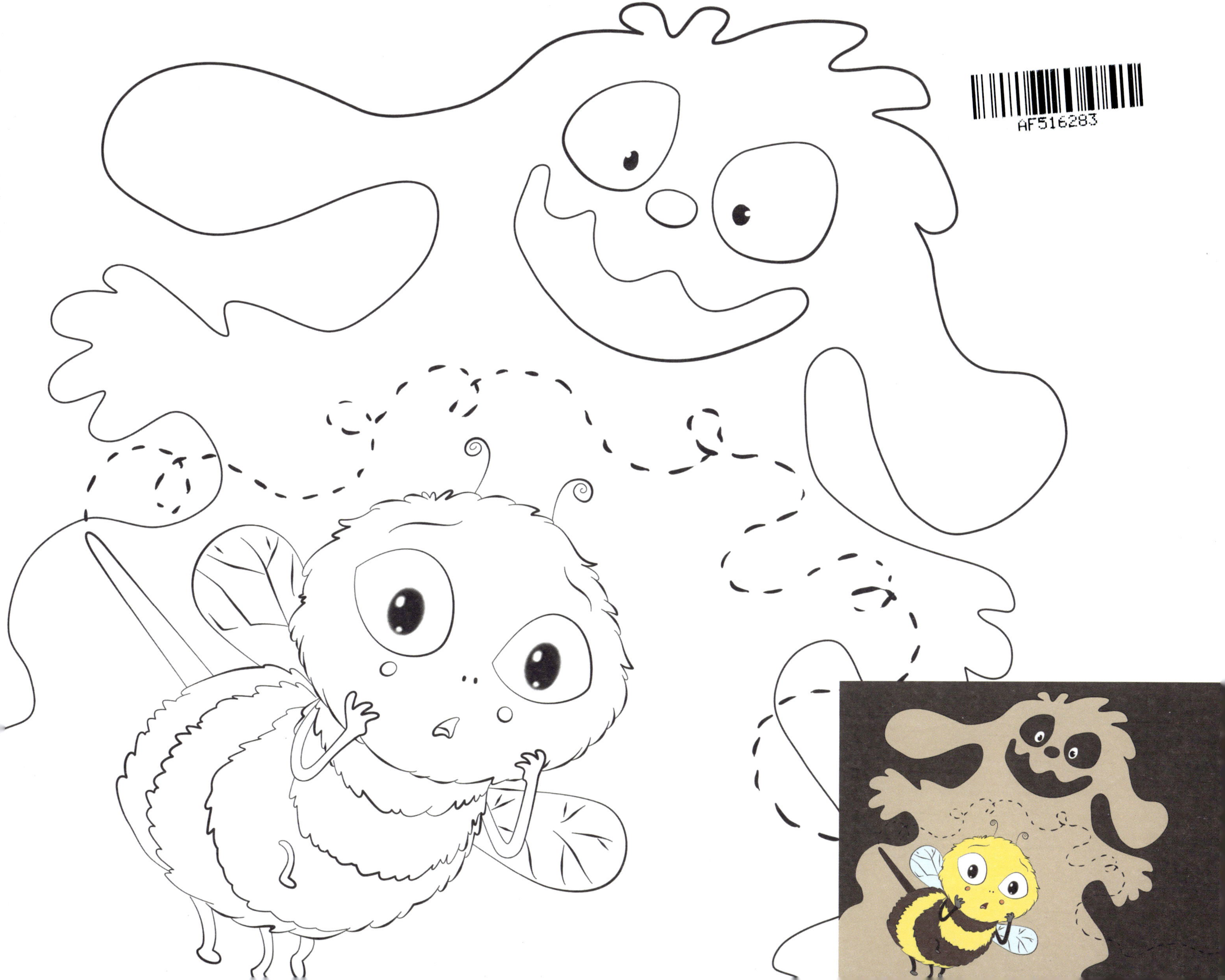

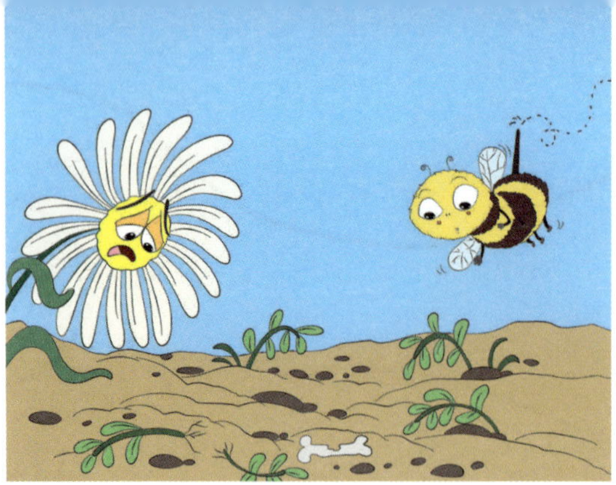

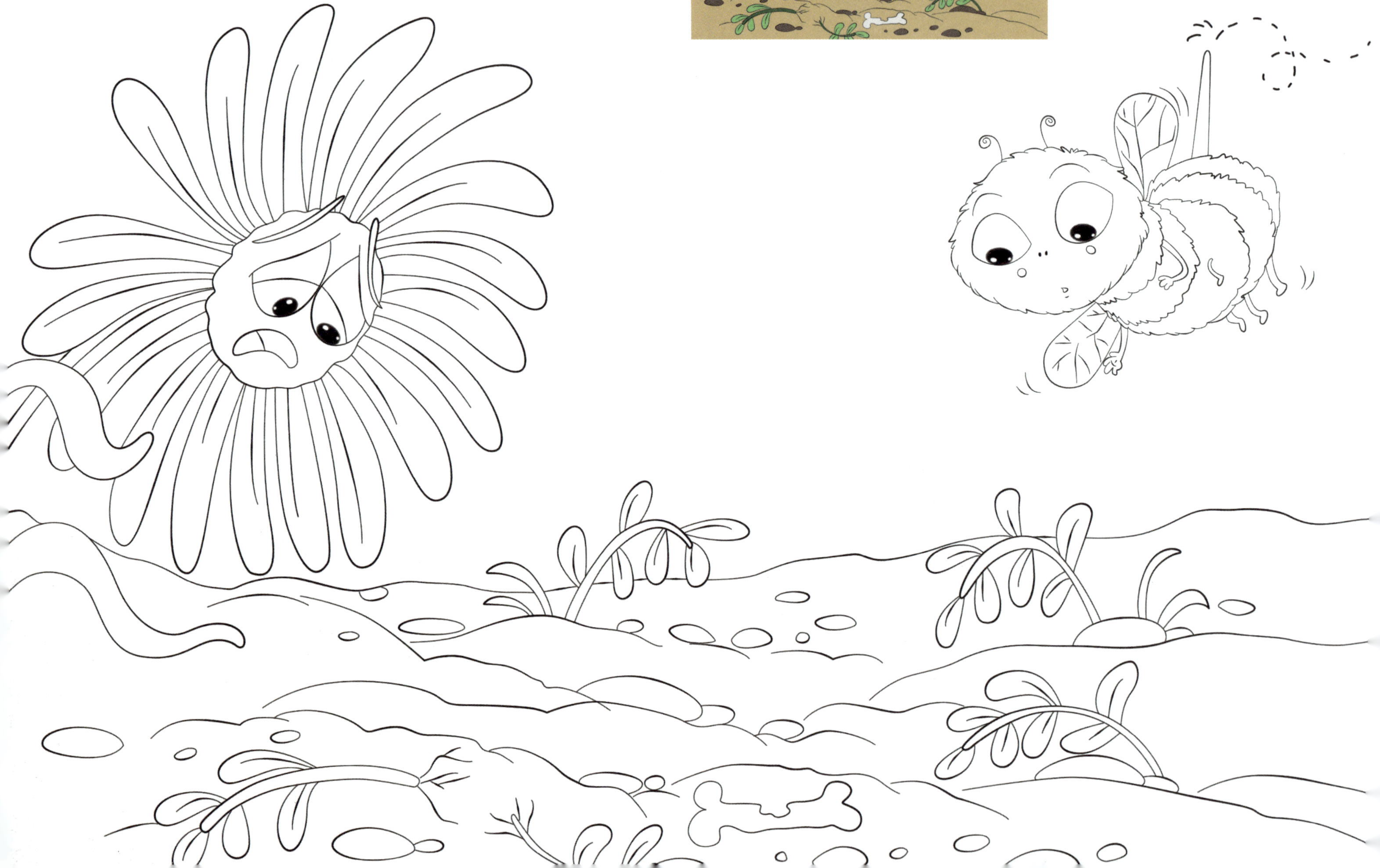

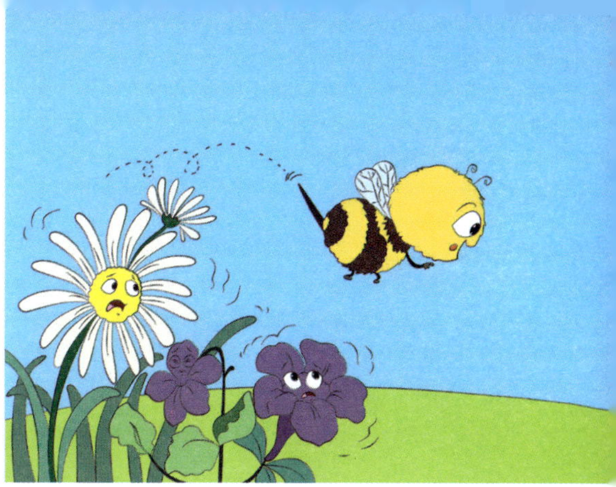

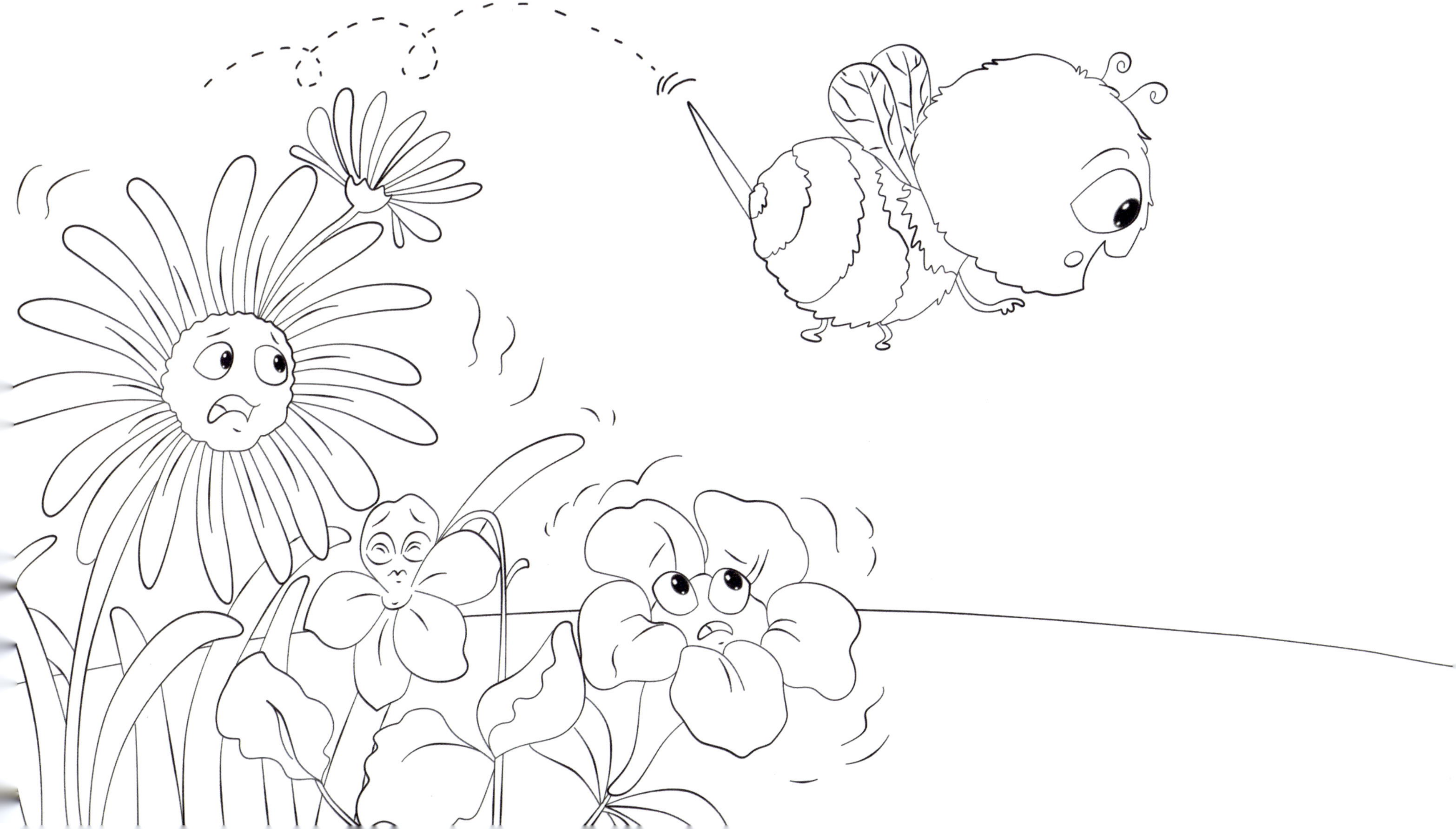

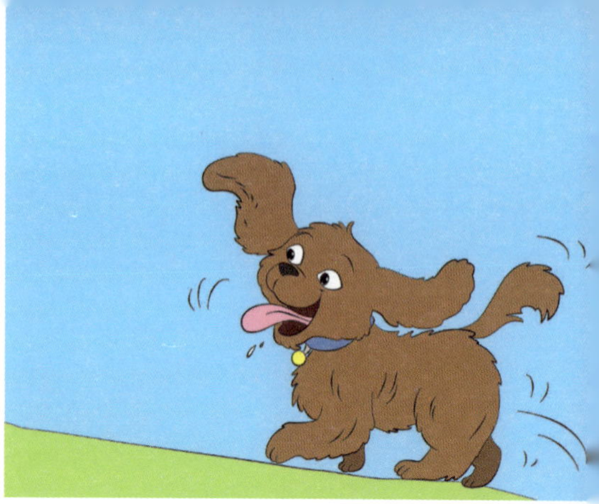

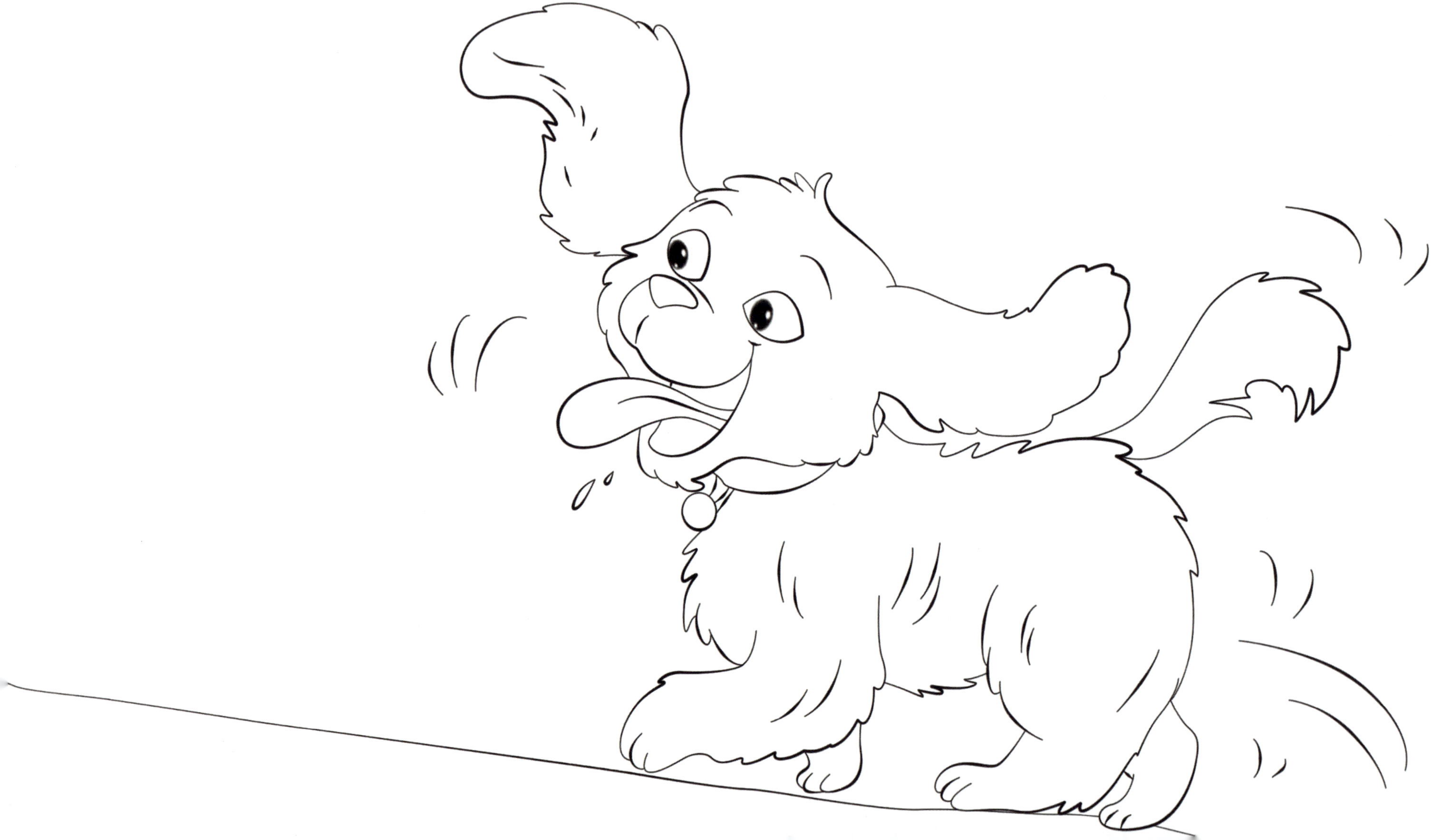

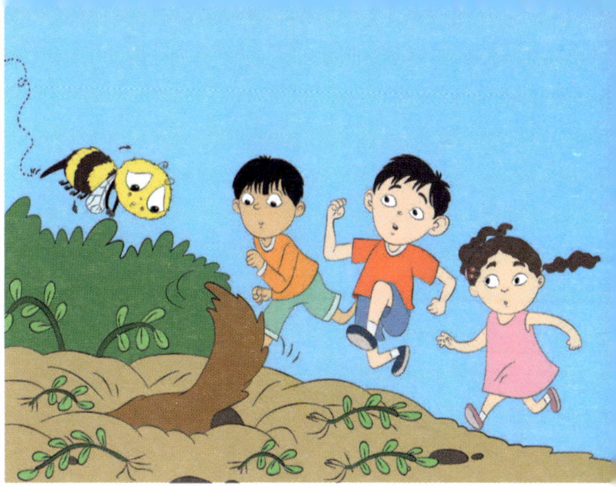

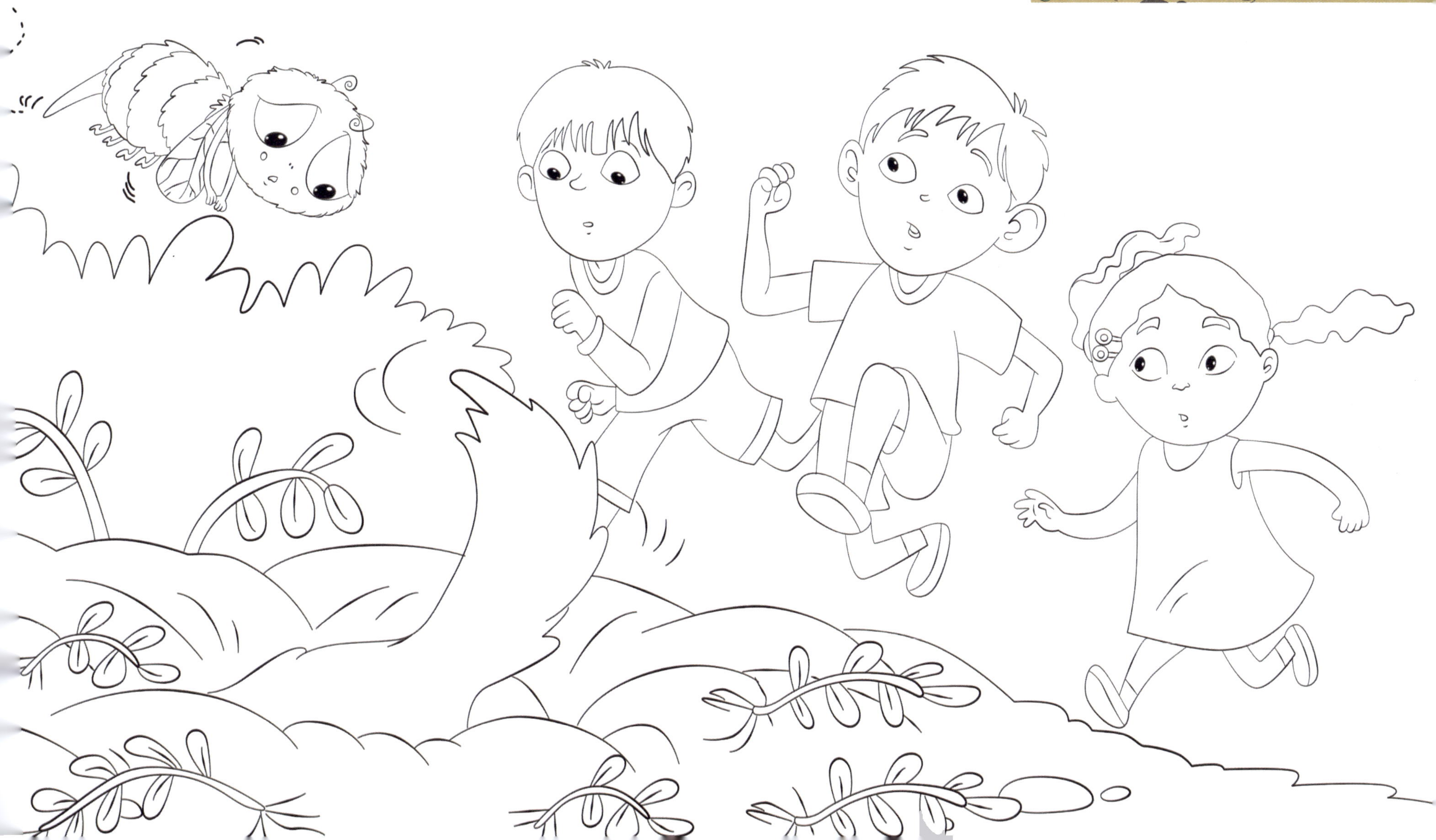

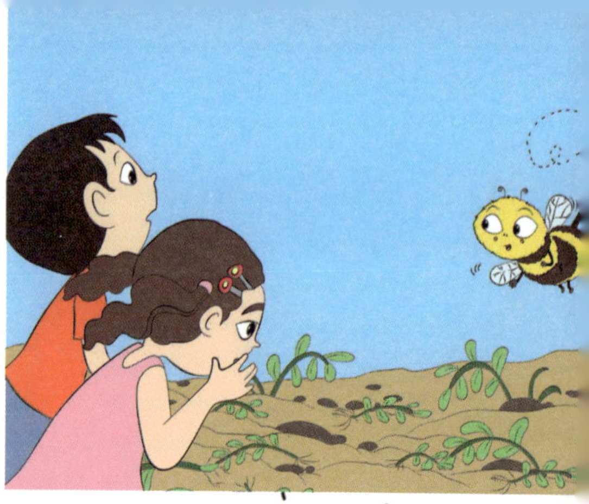

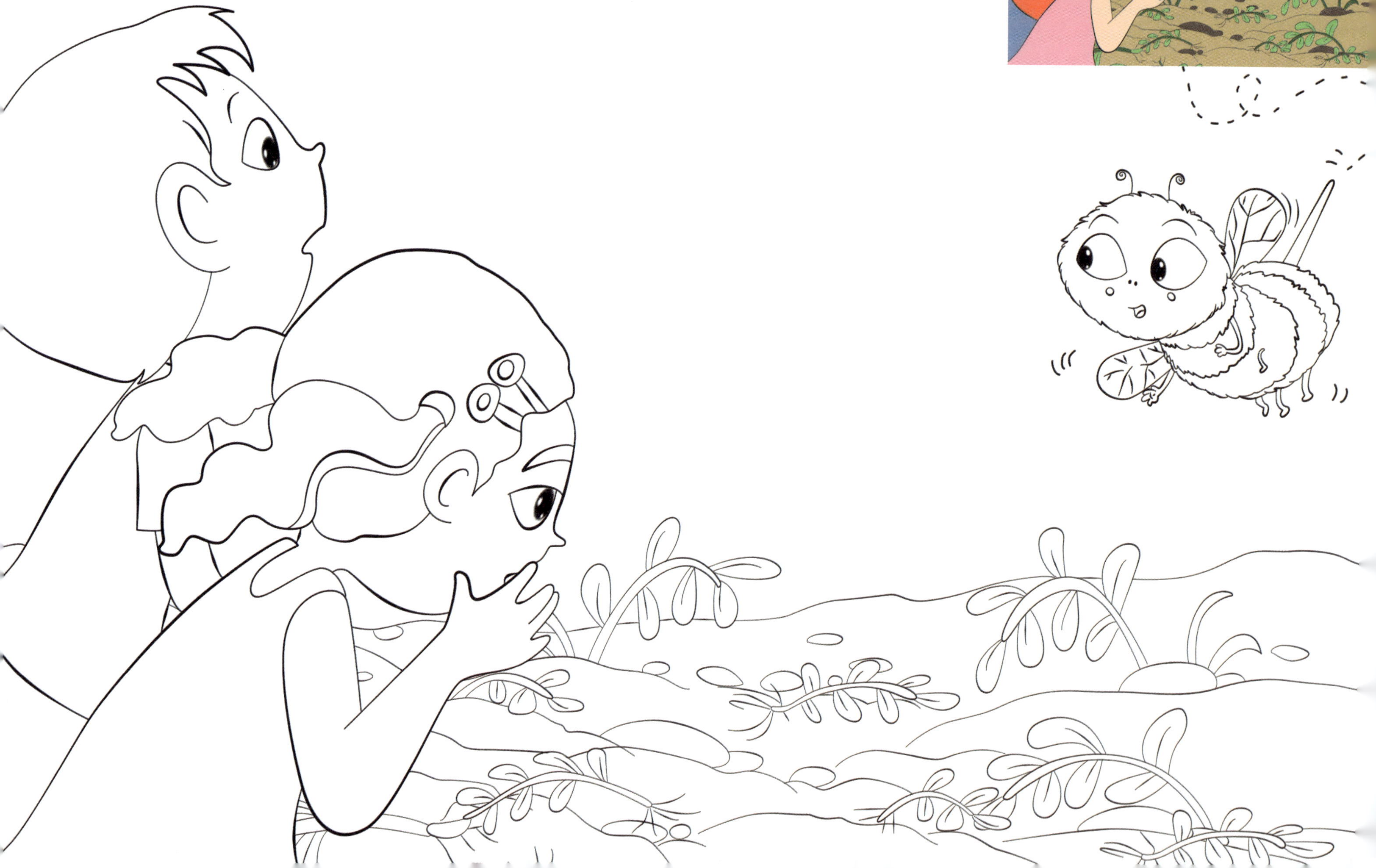

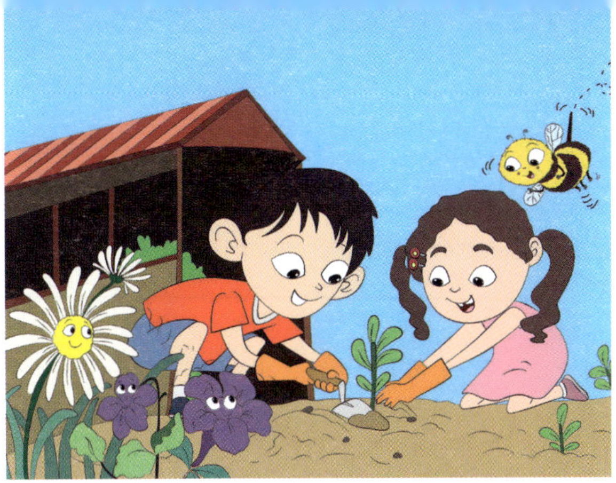

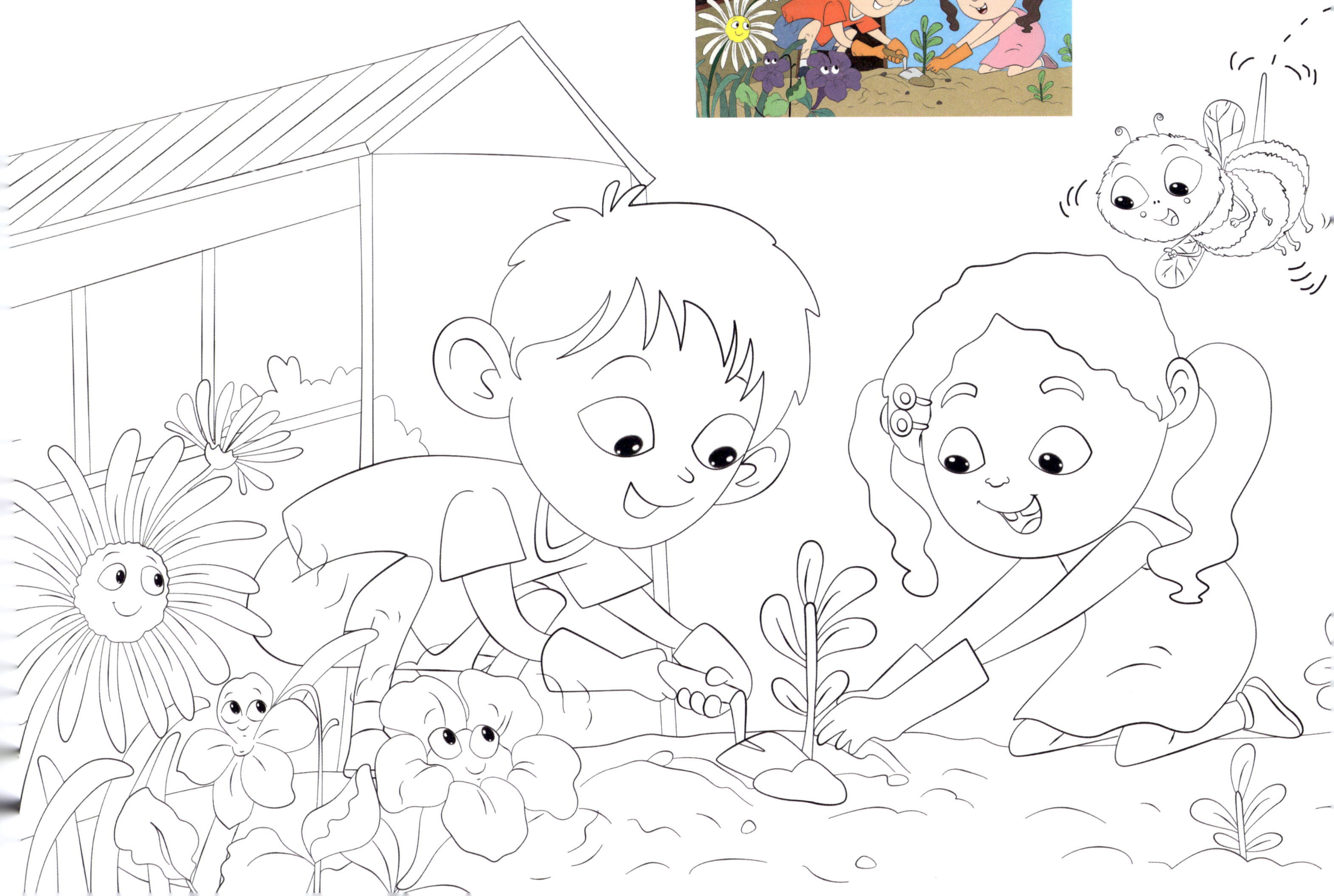

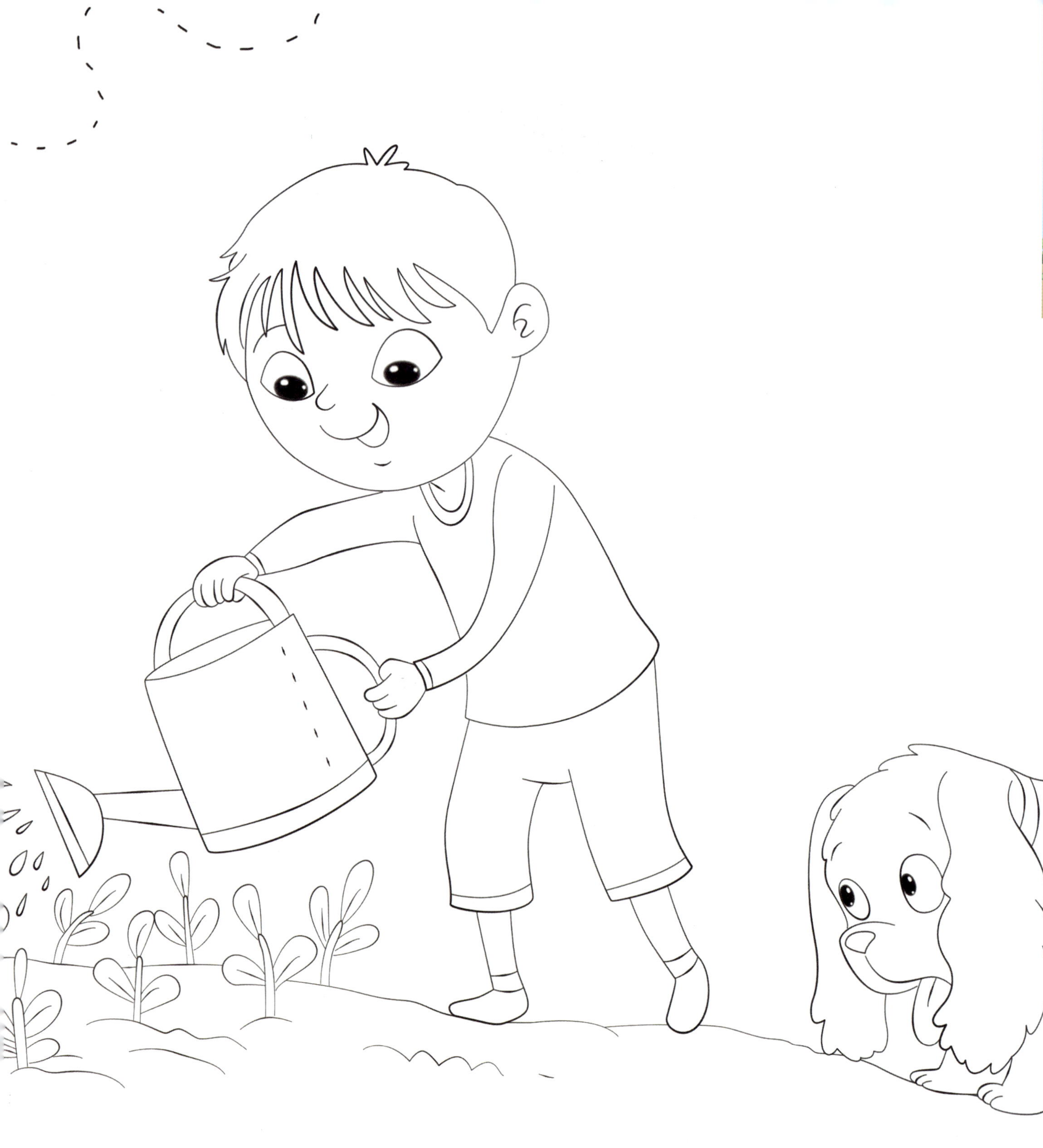

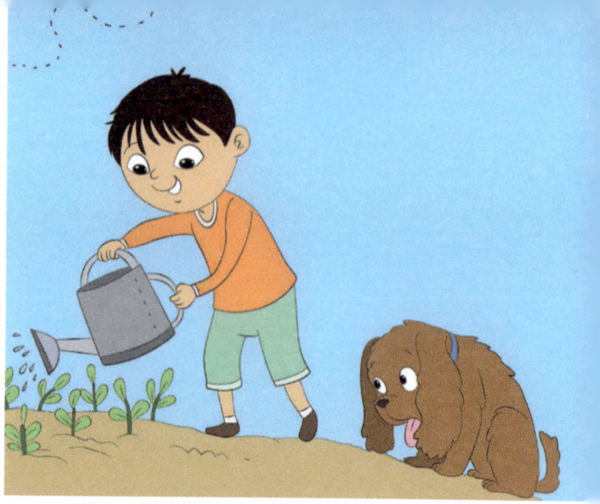

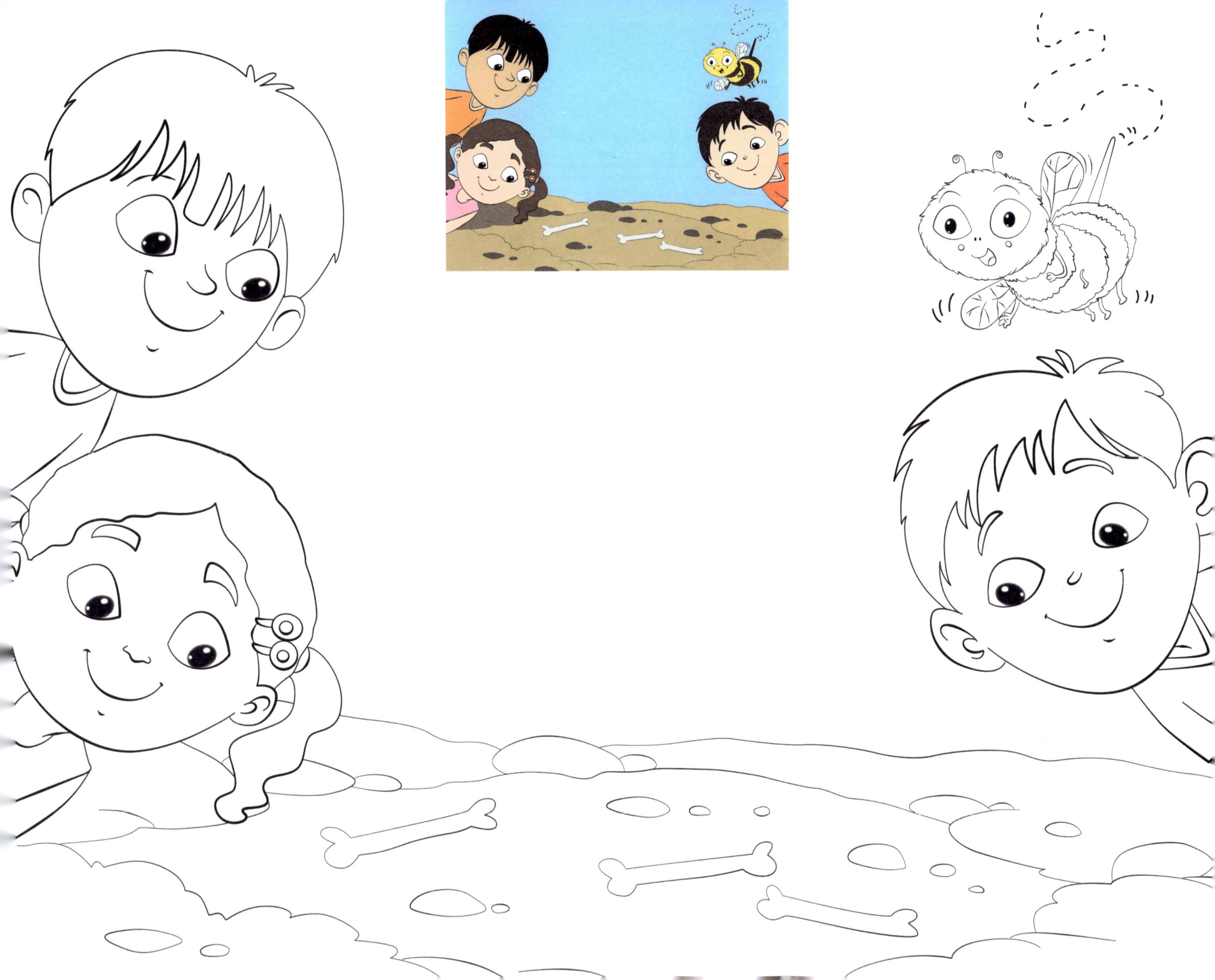

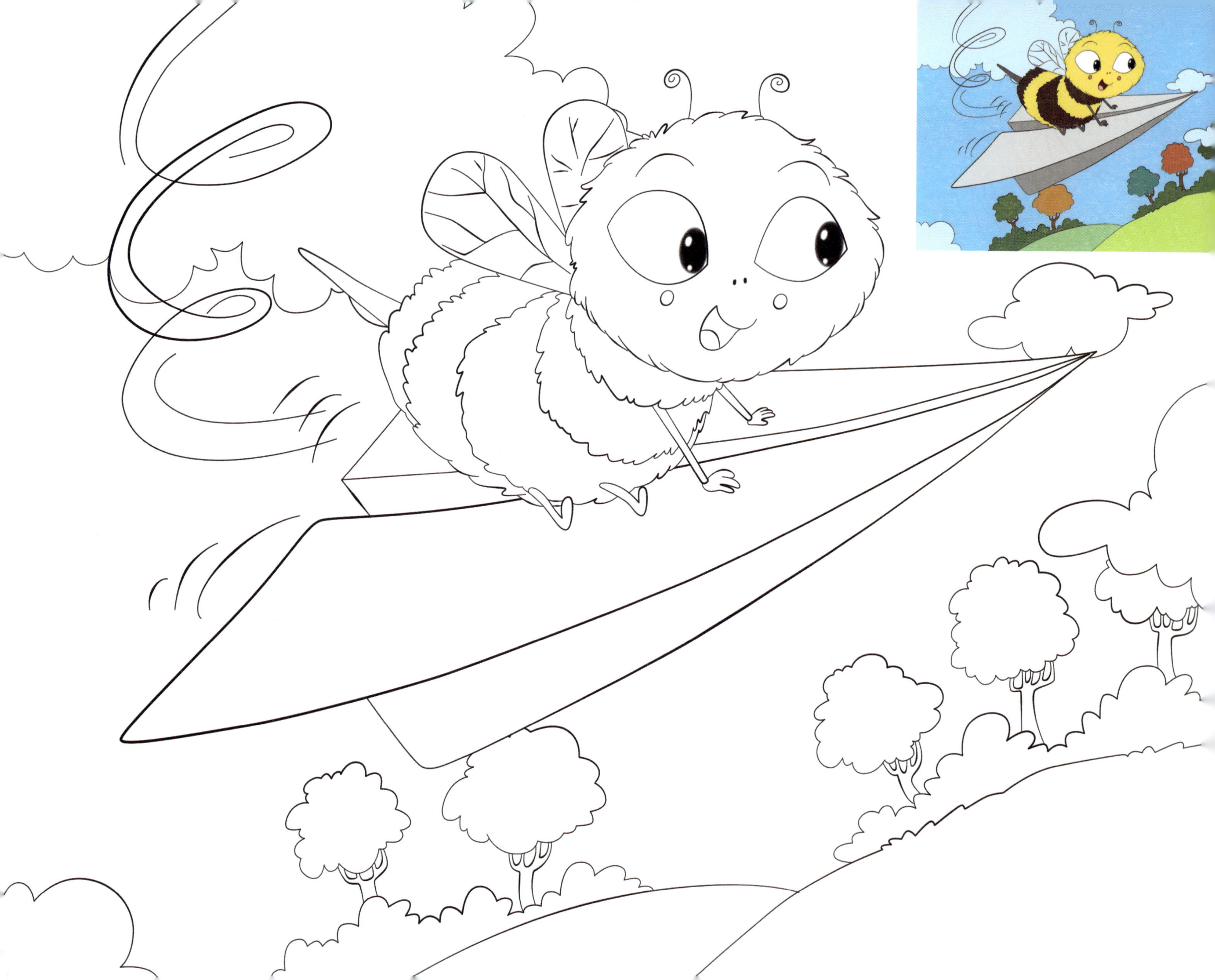

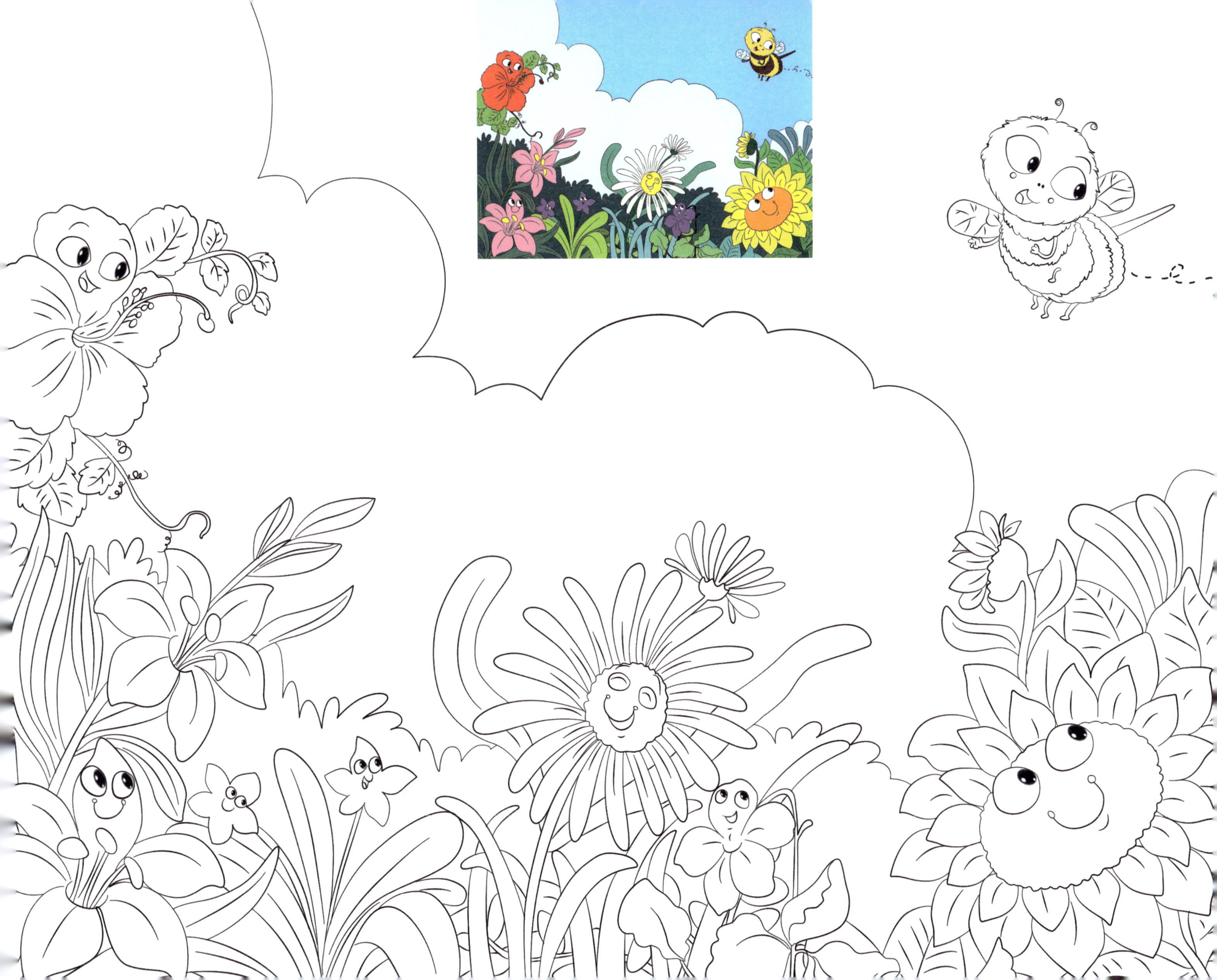

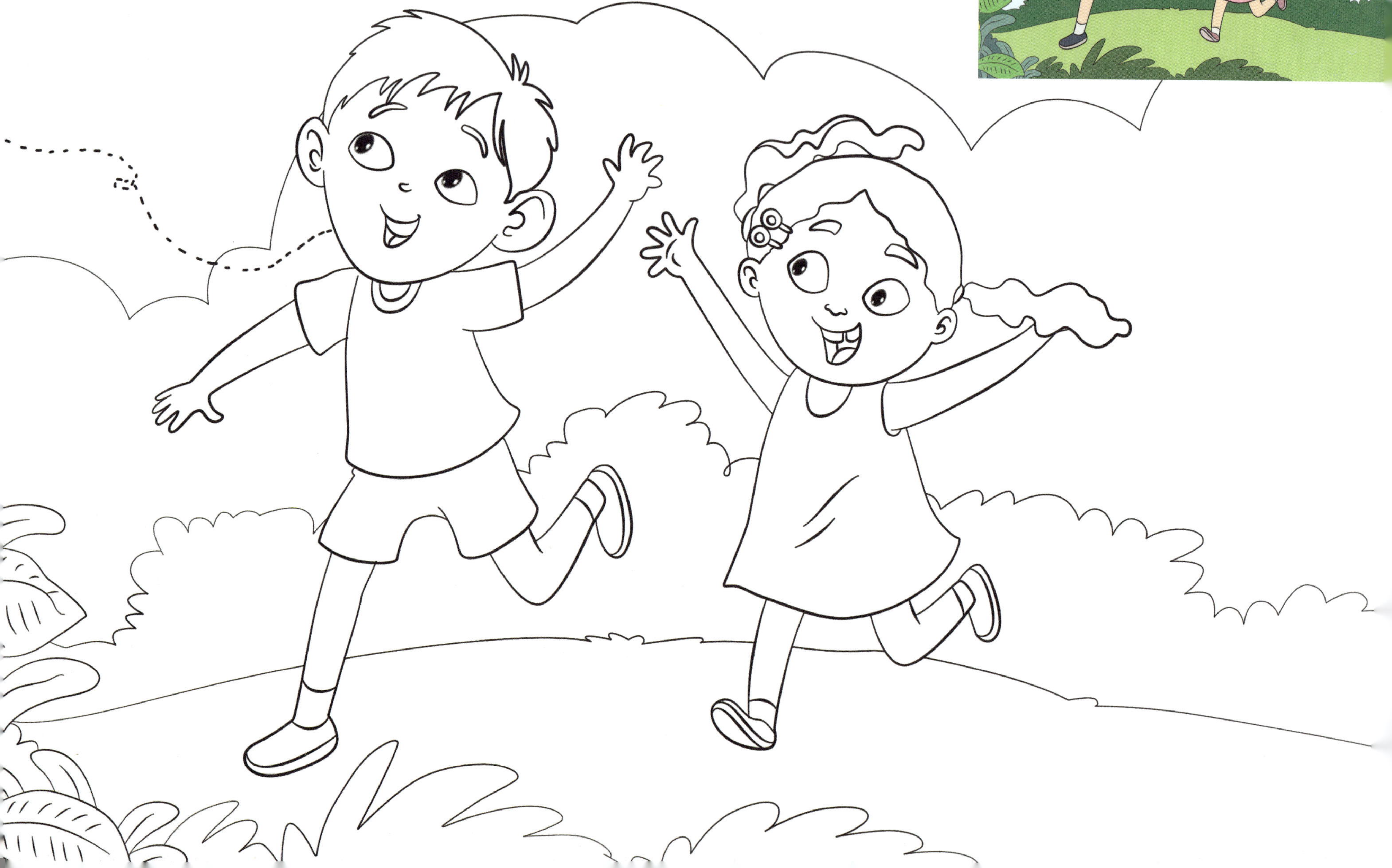
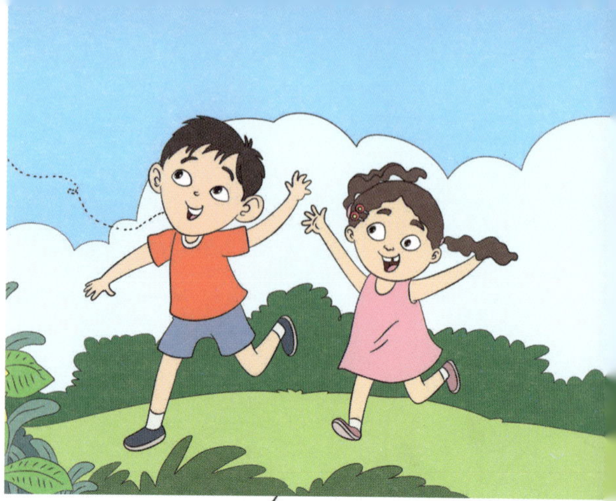

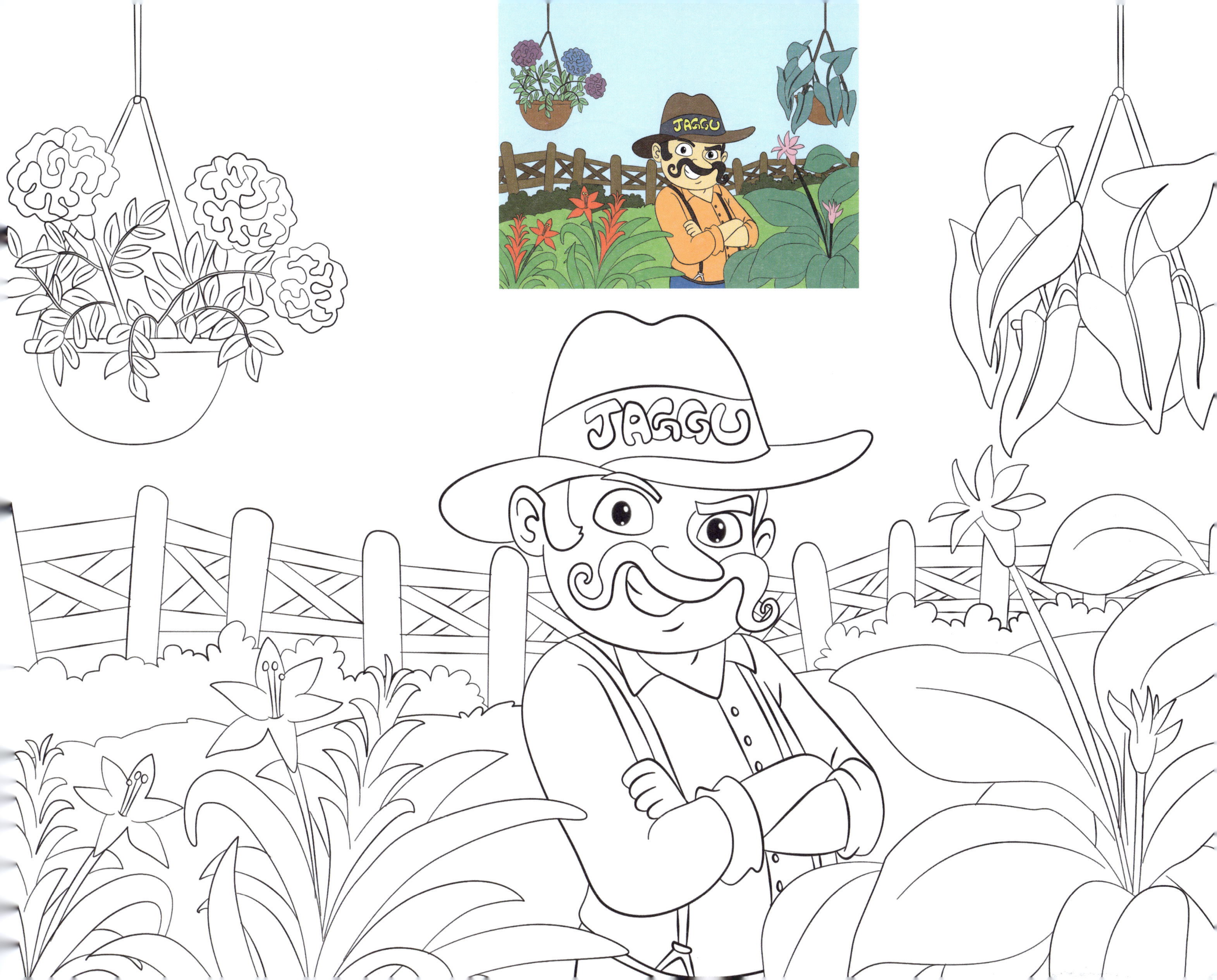
JAGGU

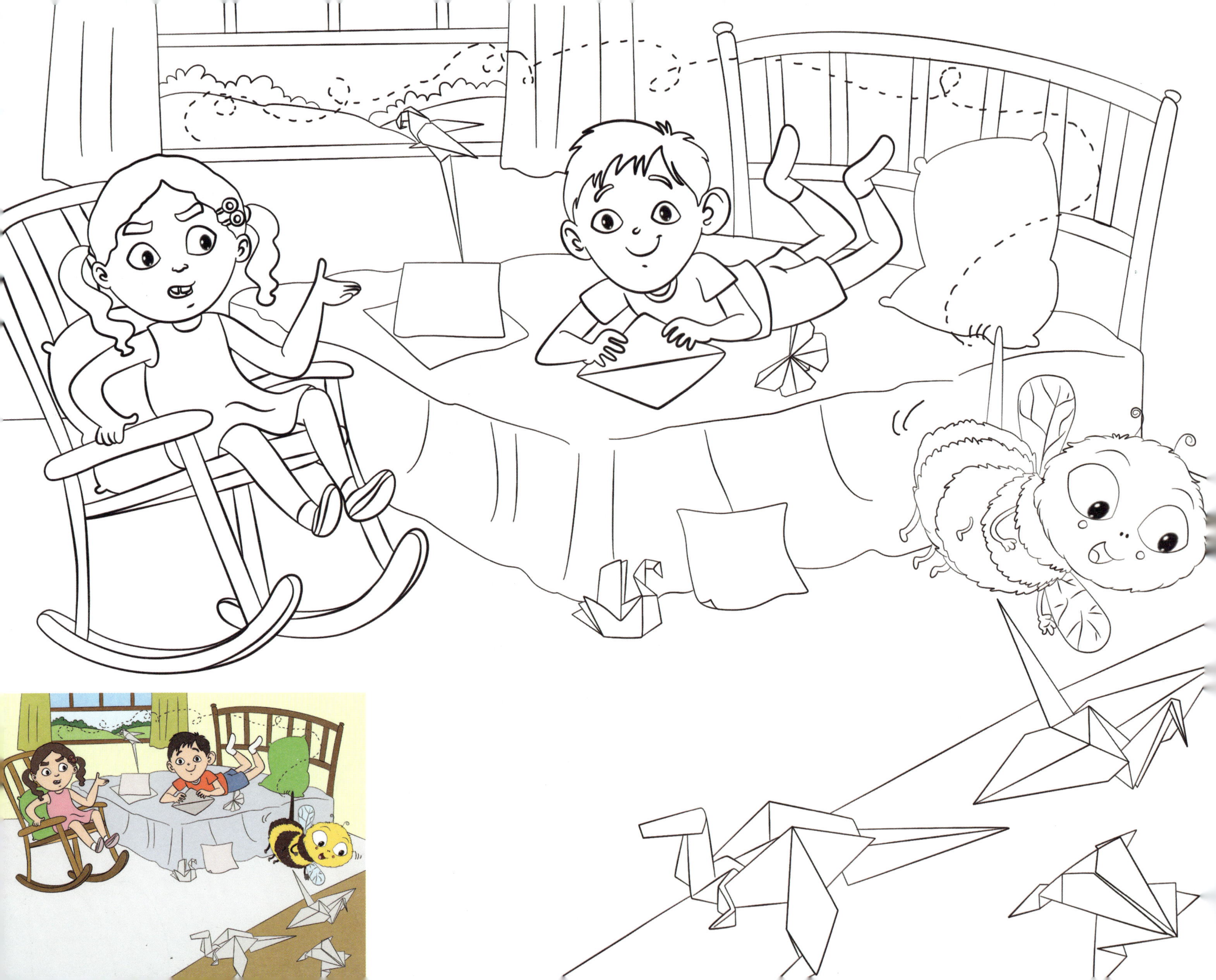

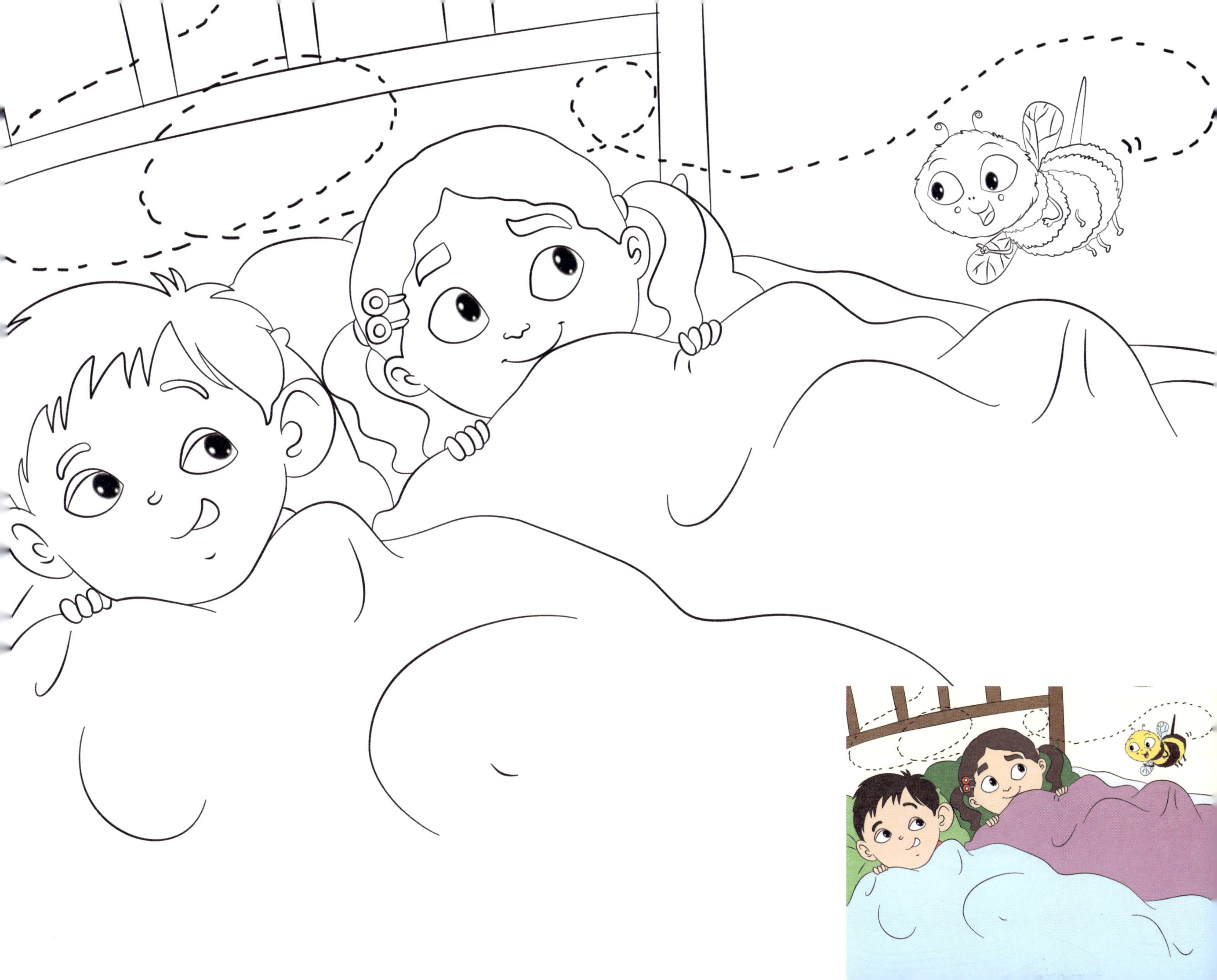

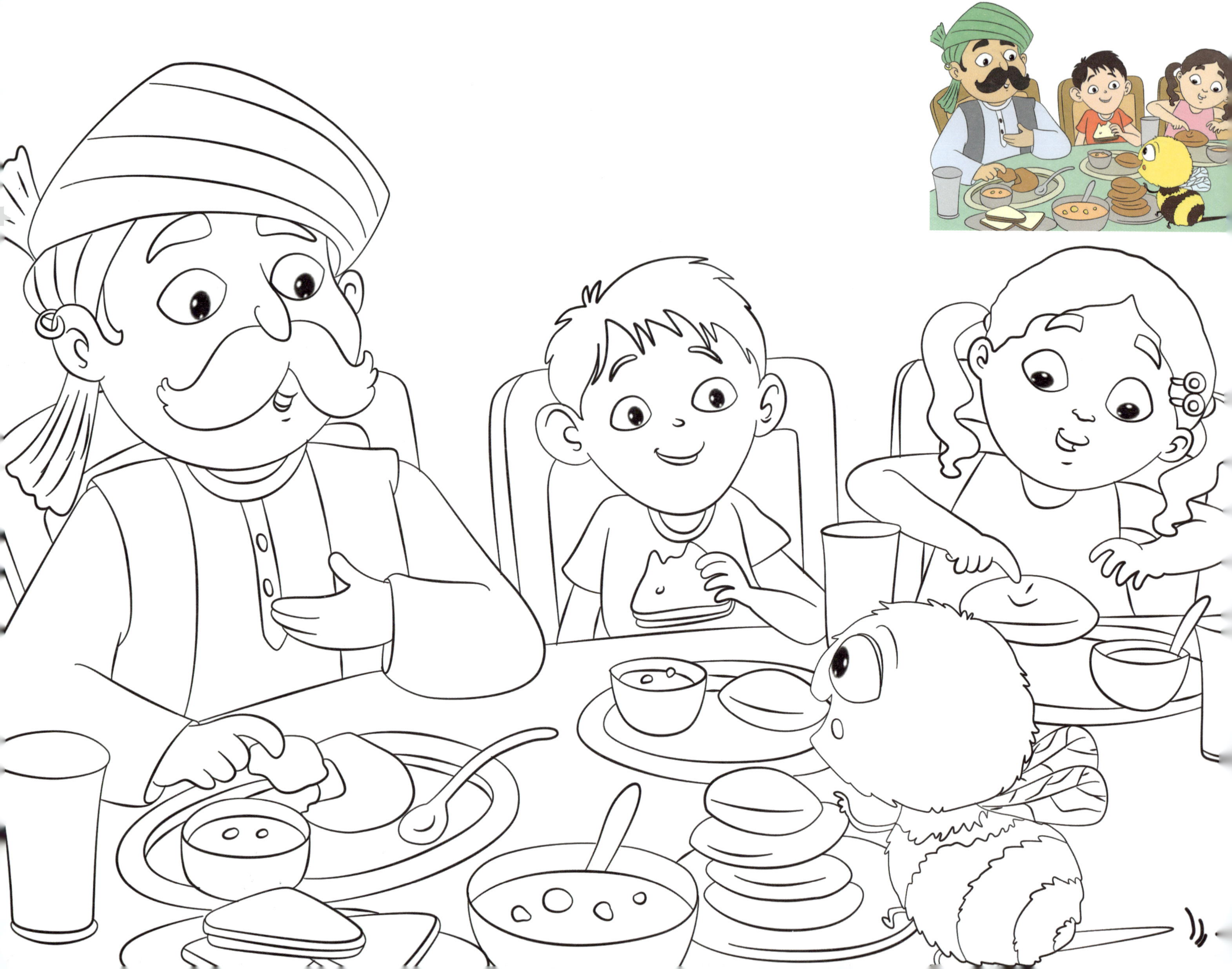

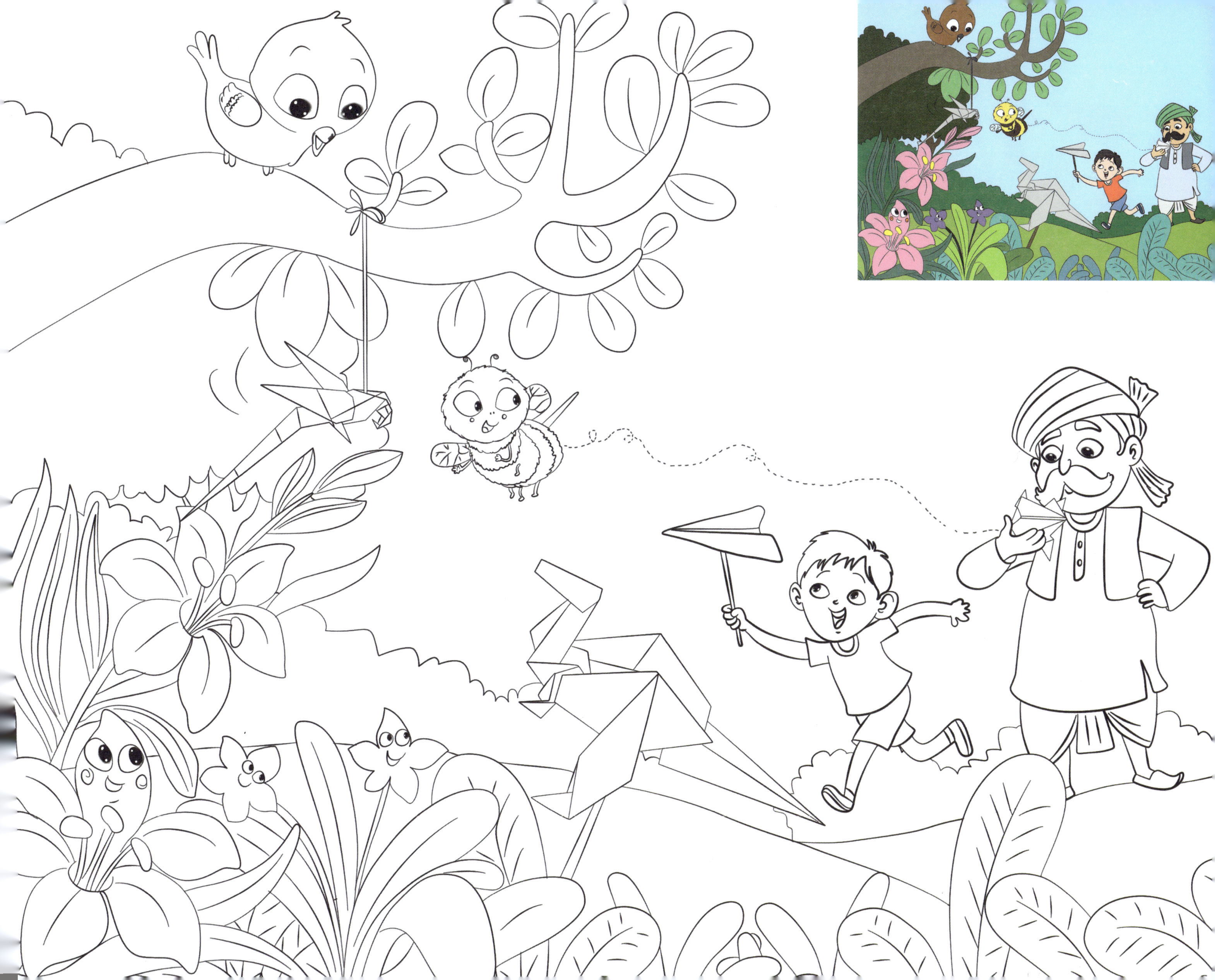

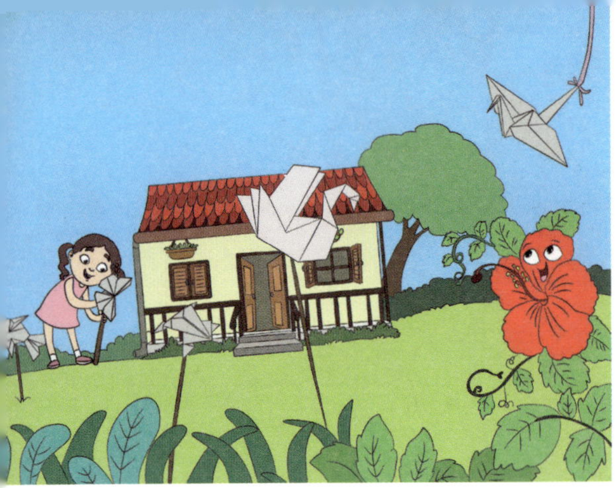

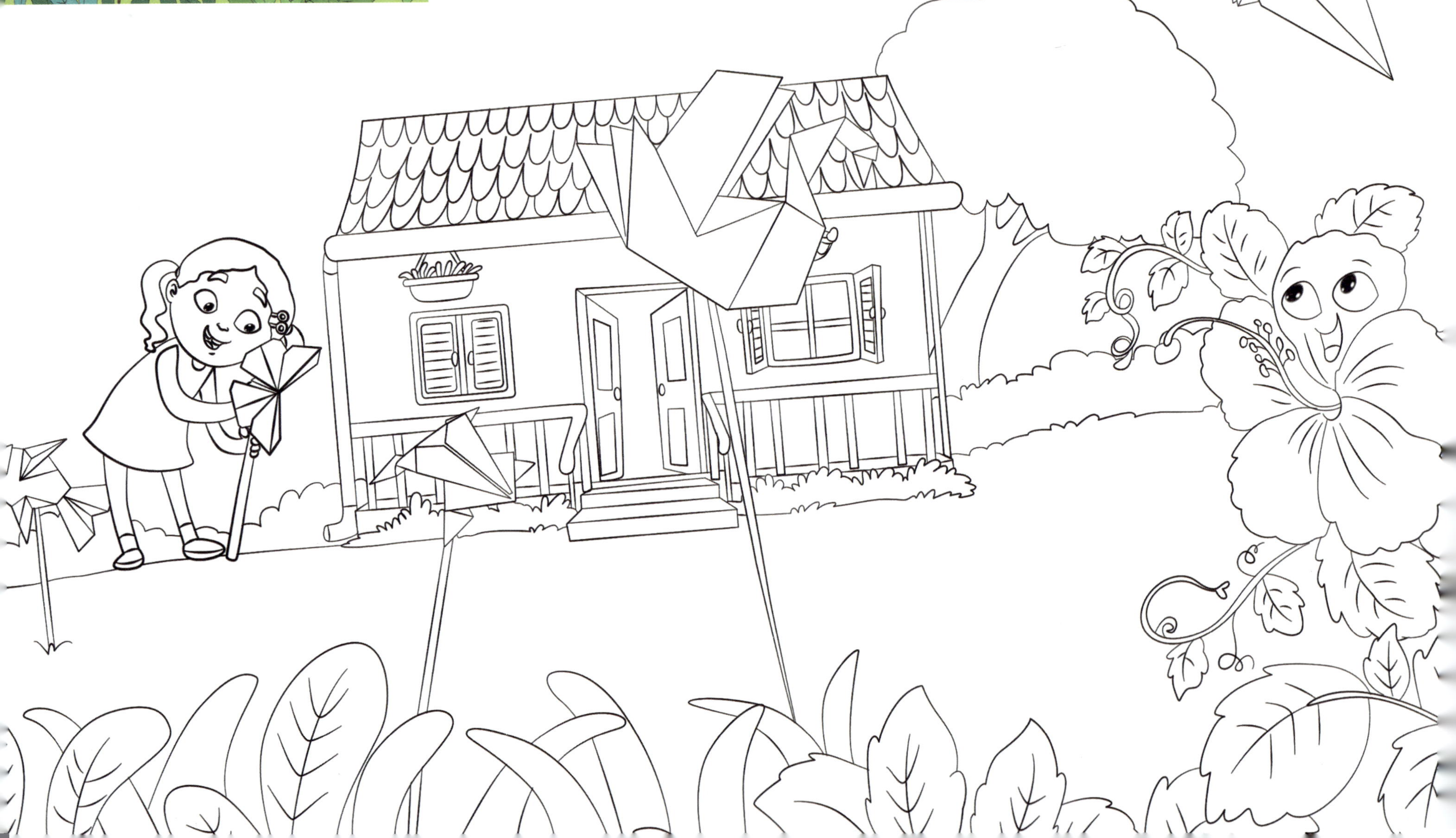

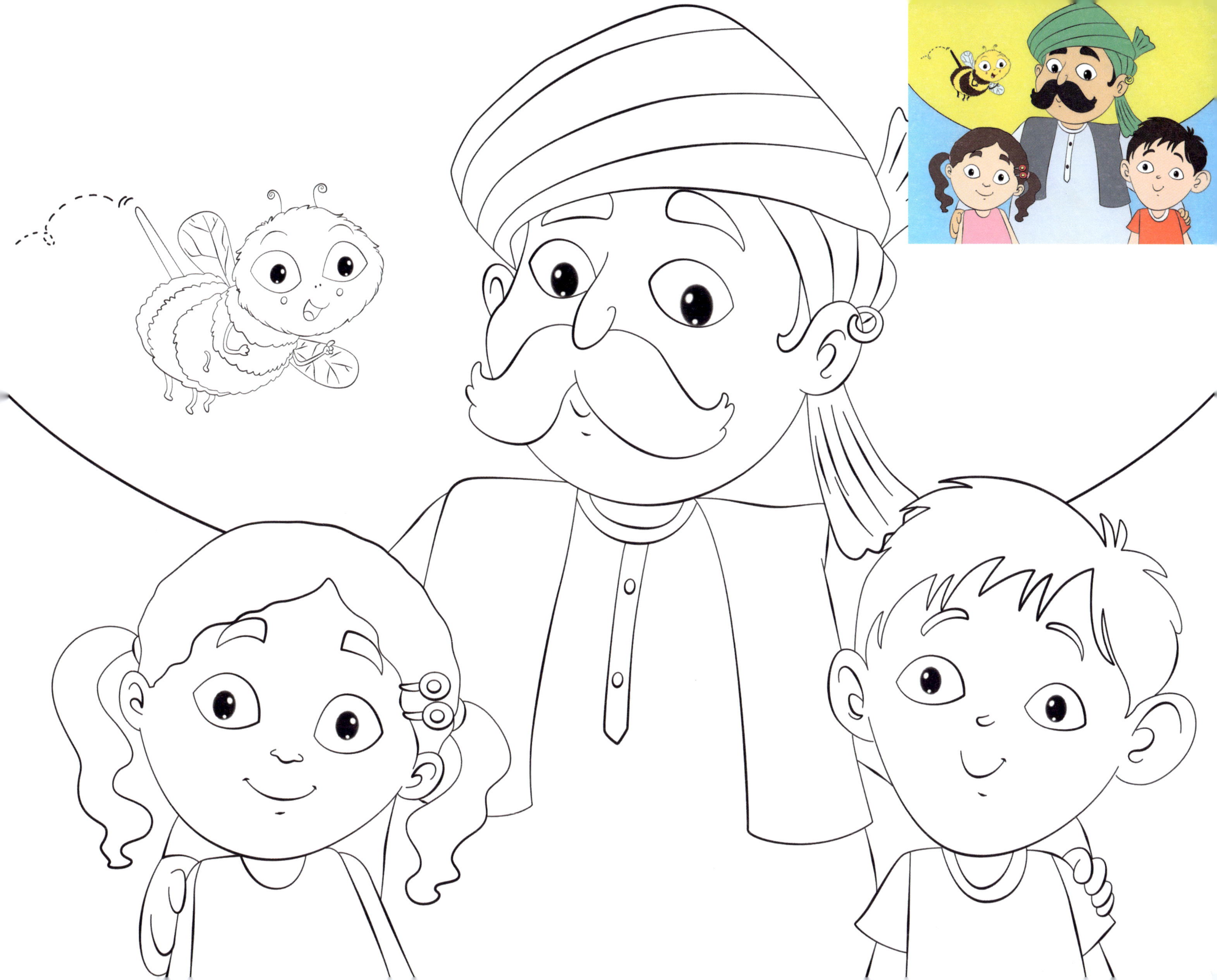

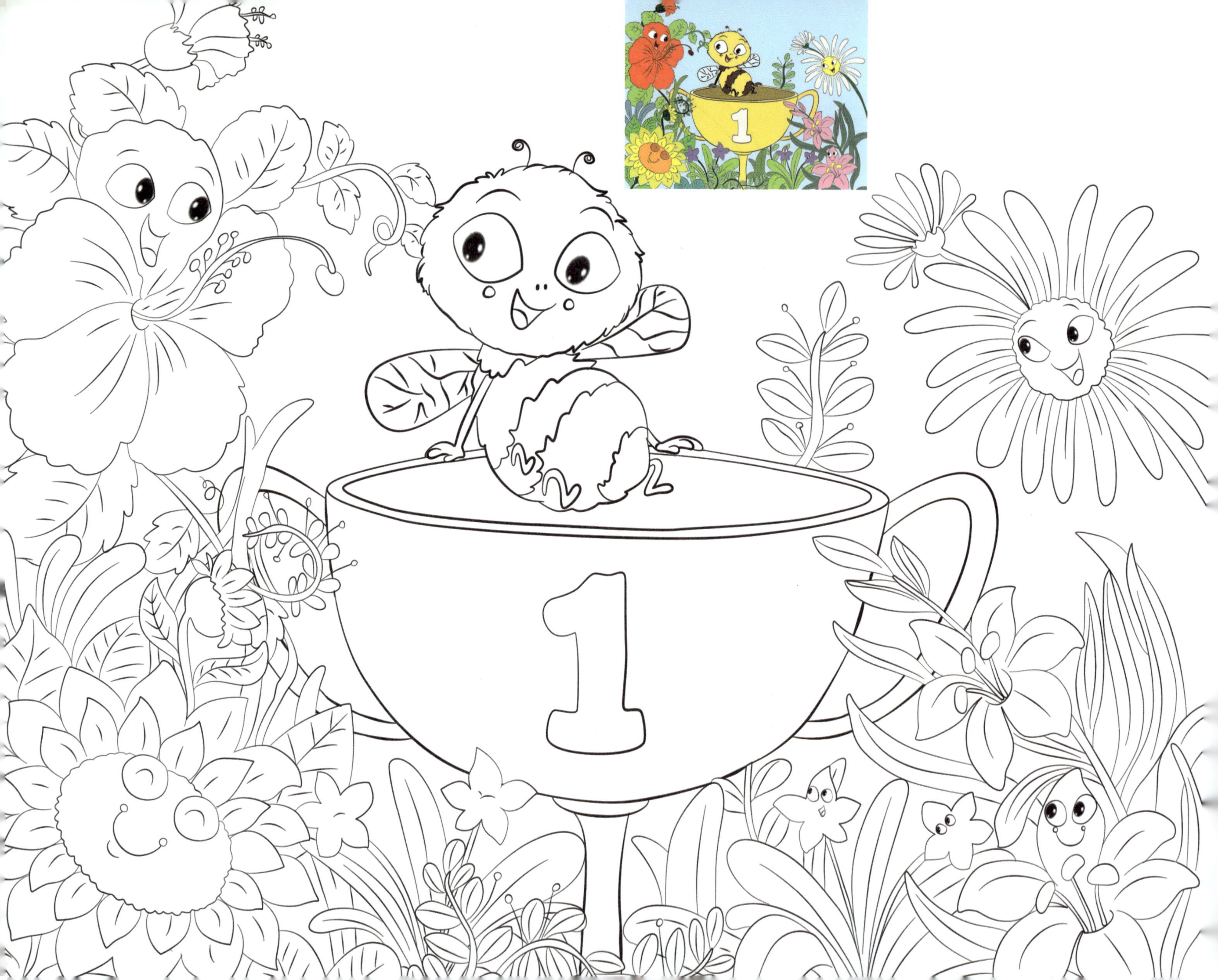
1

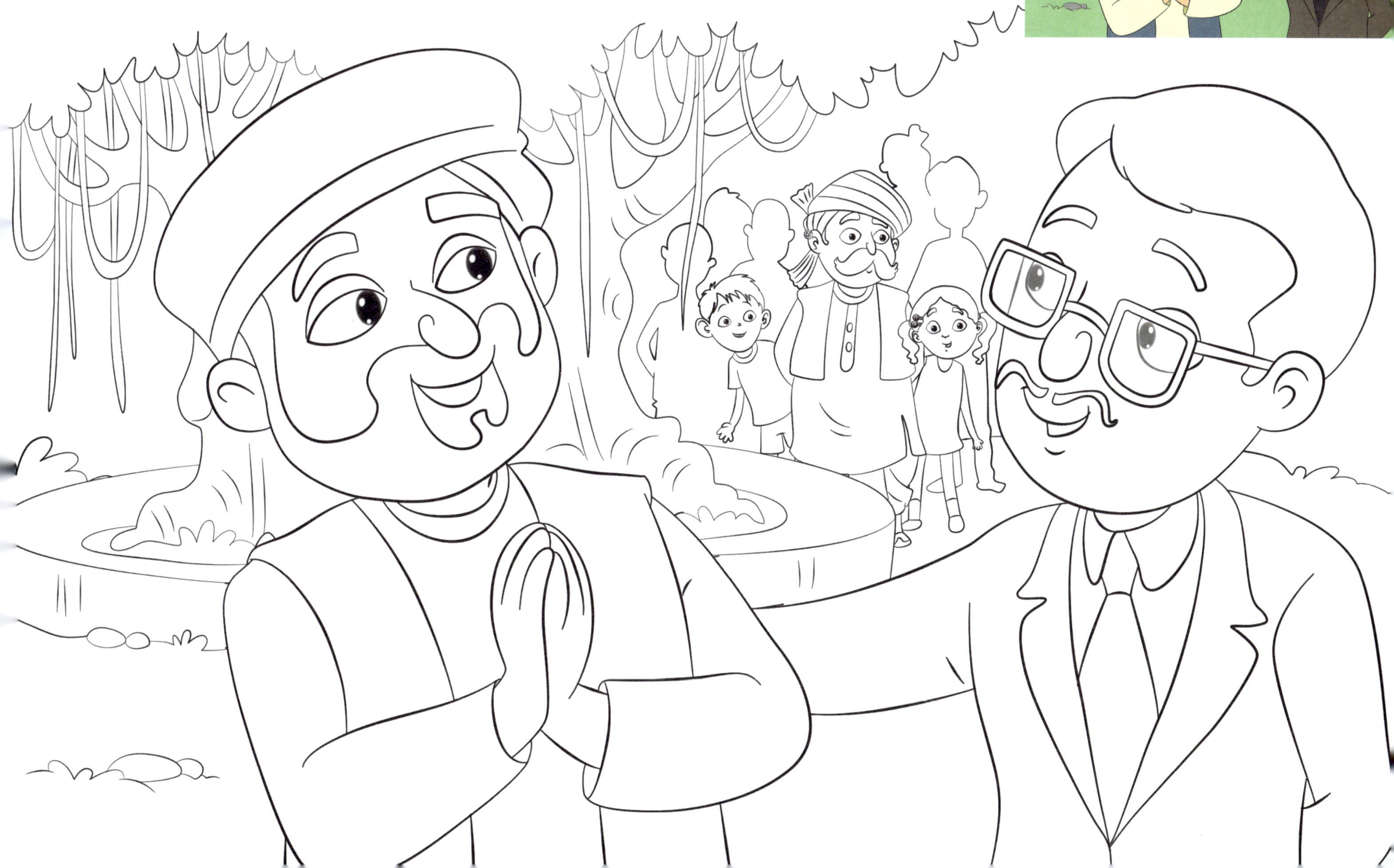
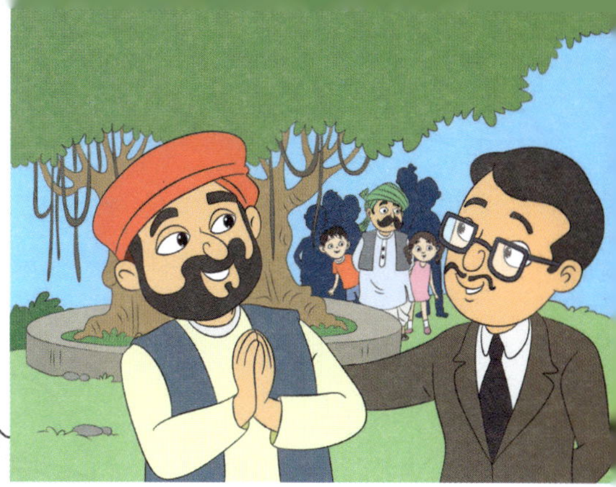

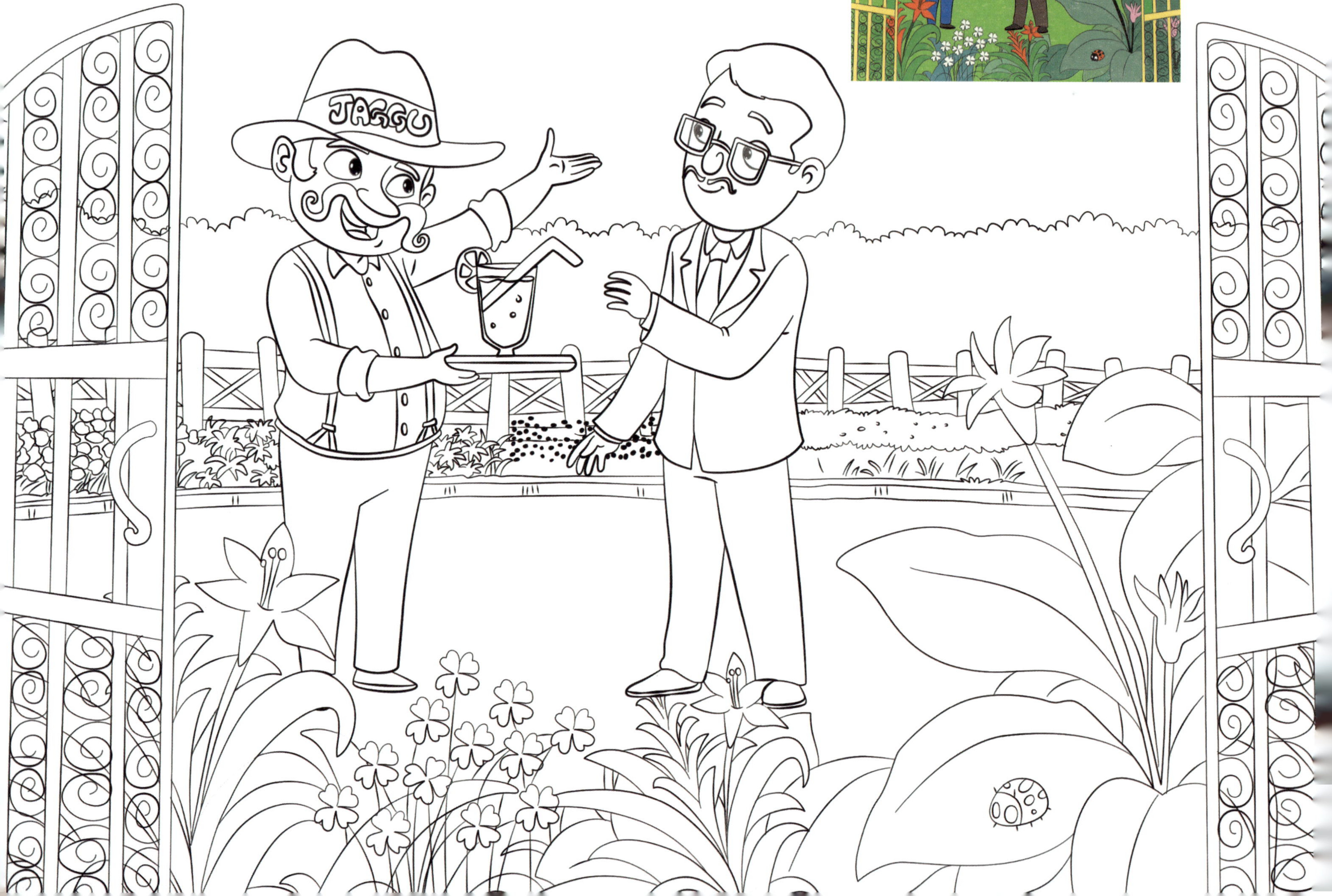
JAGGU

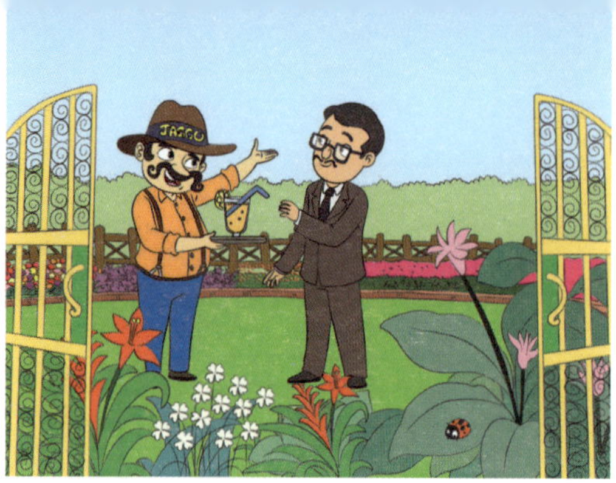
JAGGU

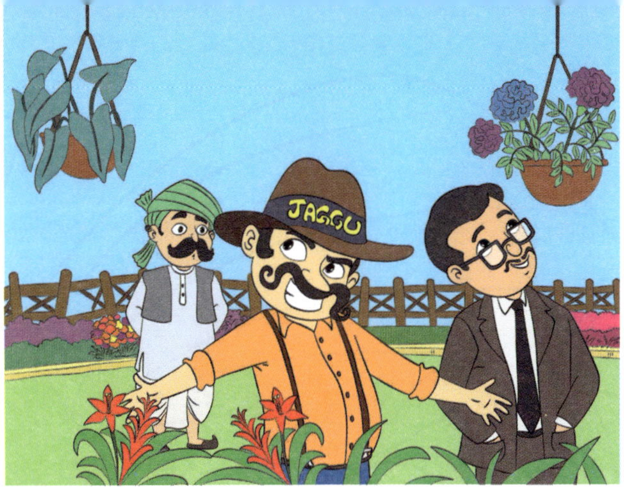
JAGGU

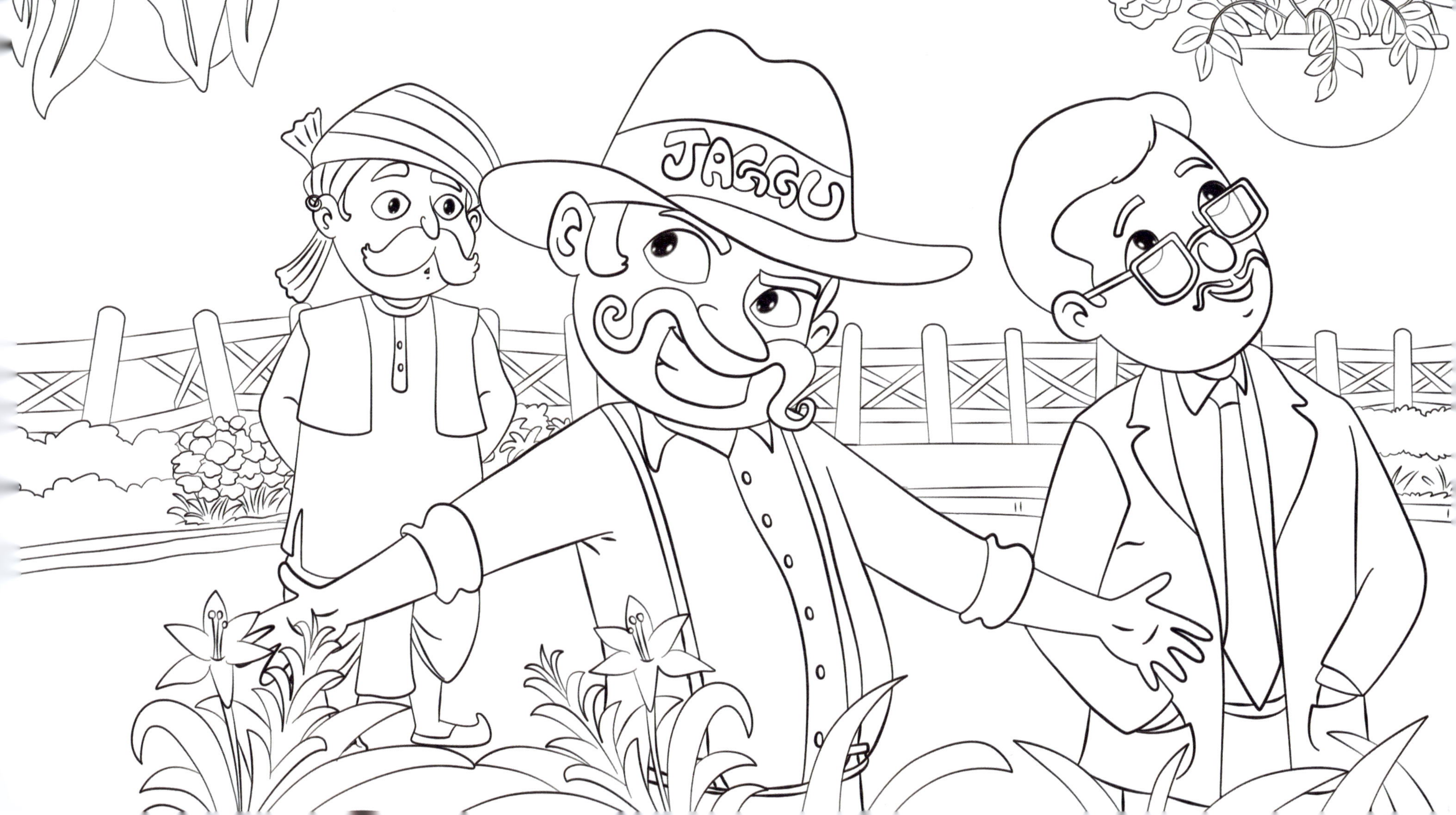
JAGGU

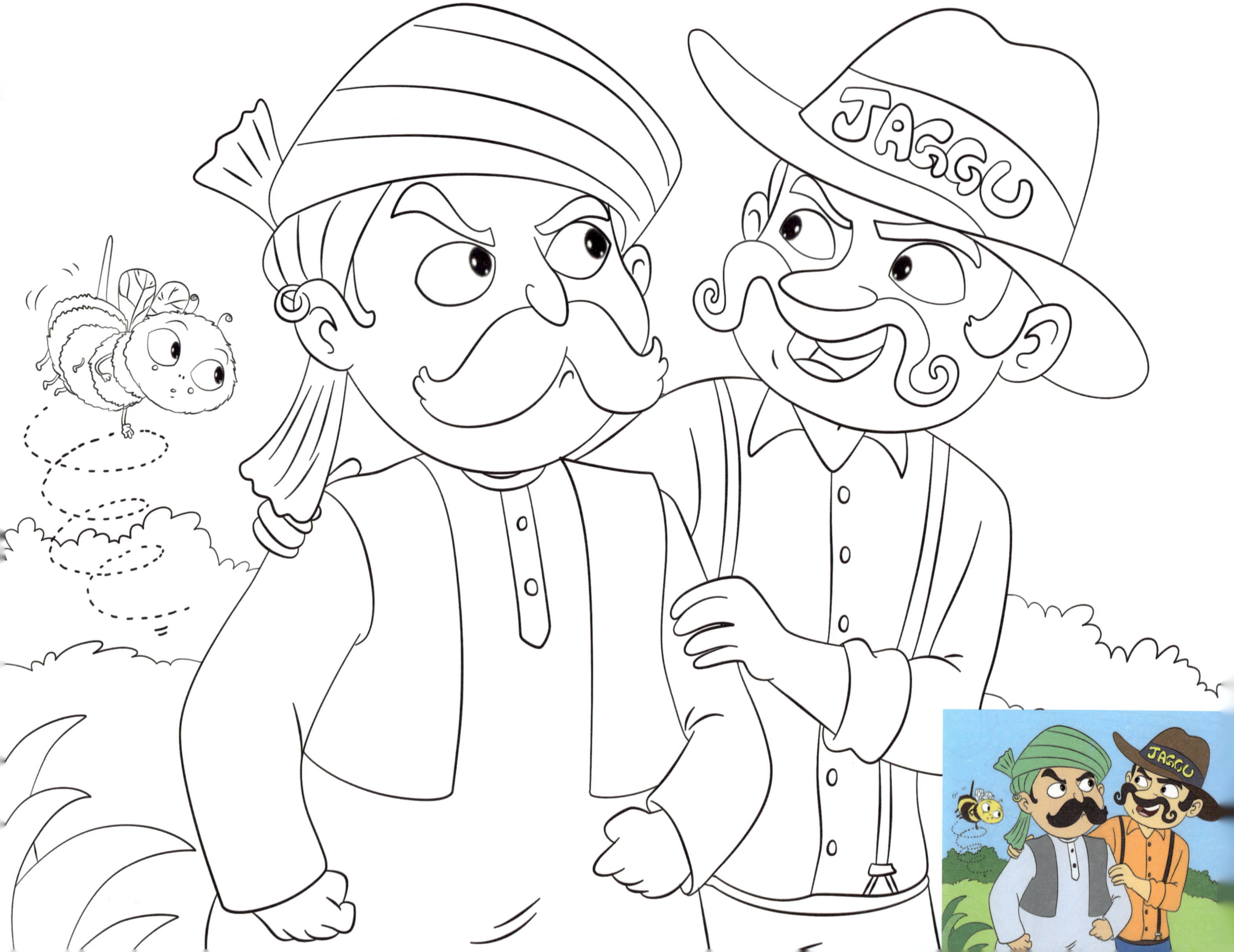
JAGGU
JAGGU

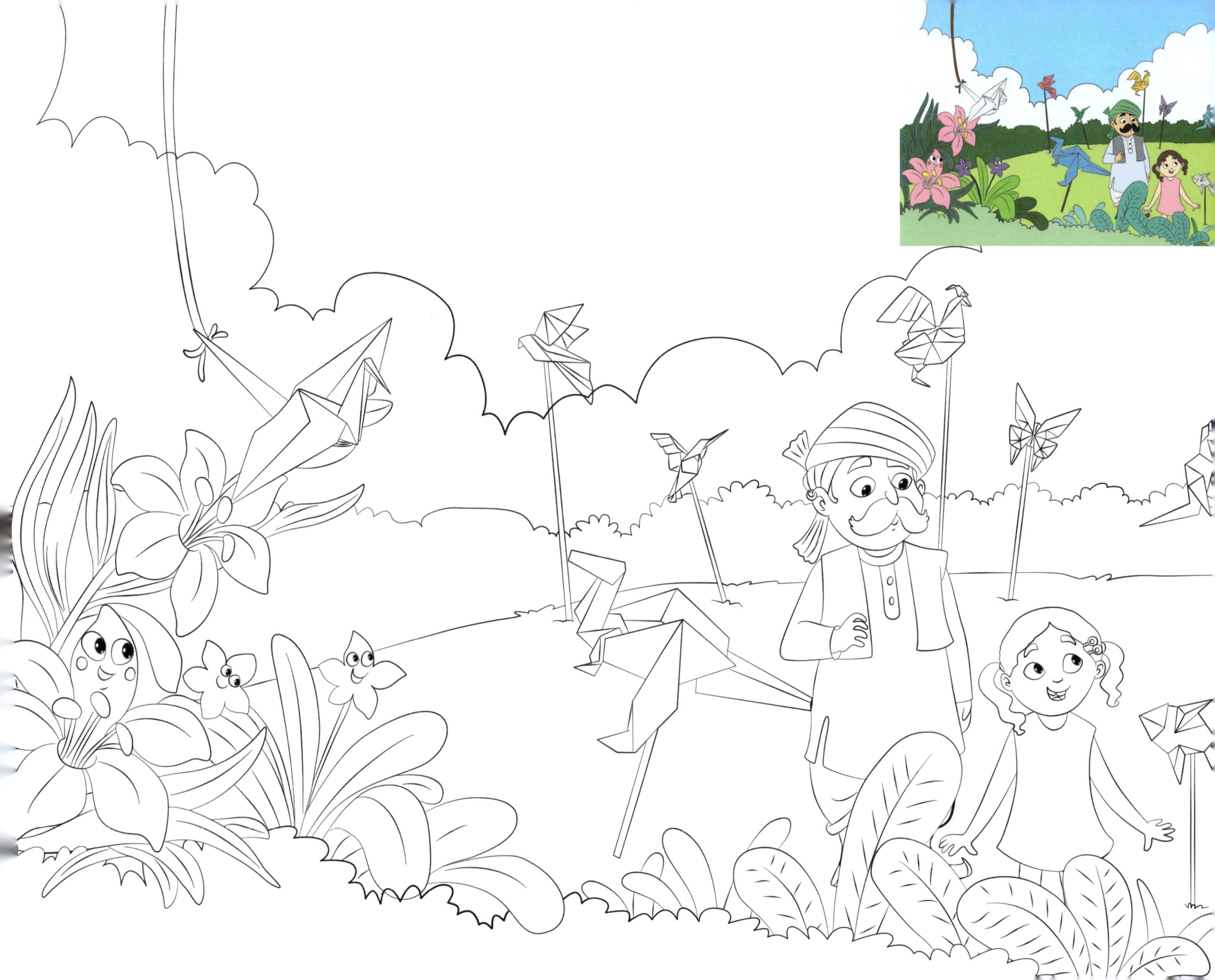

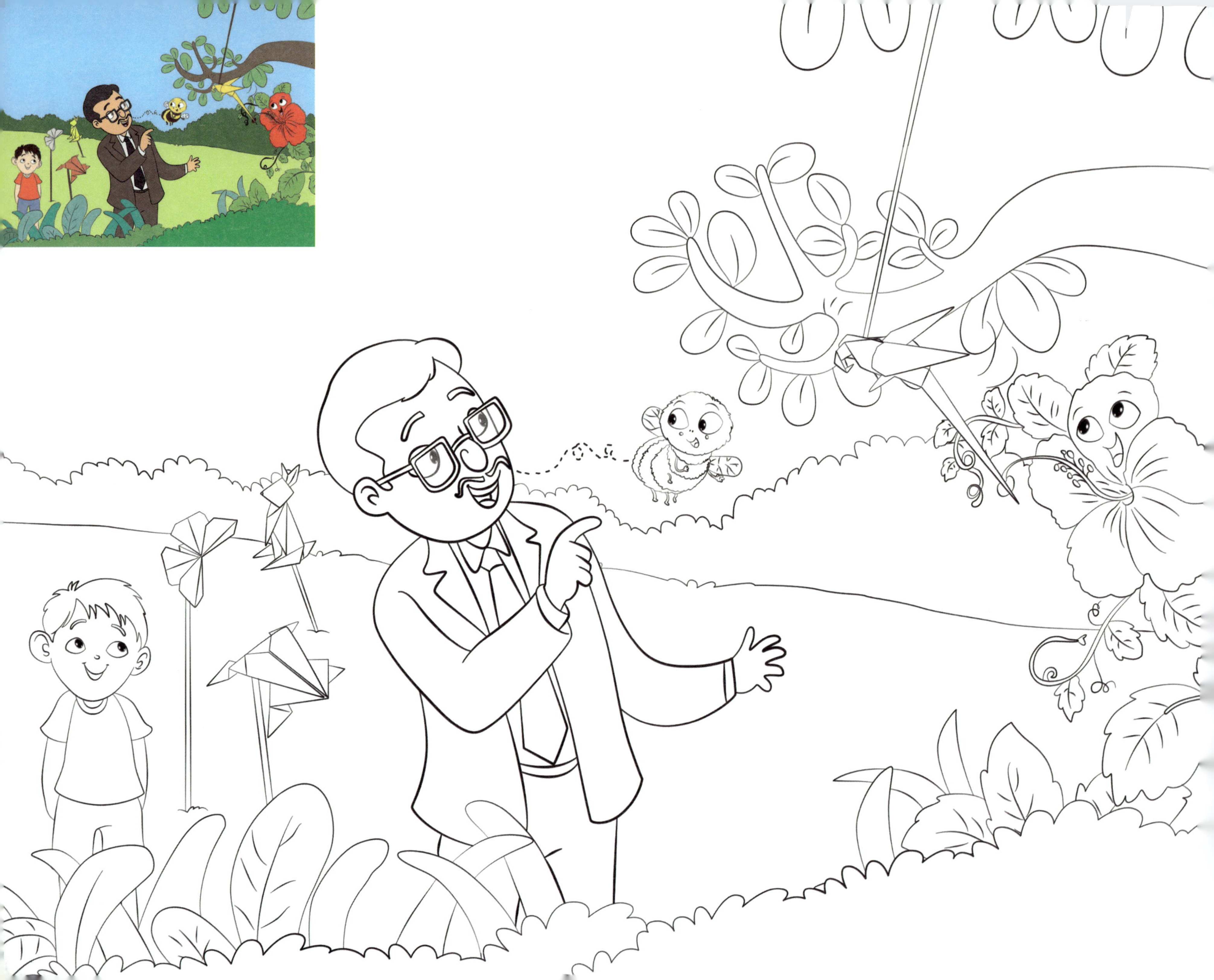

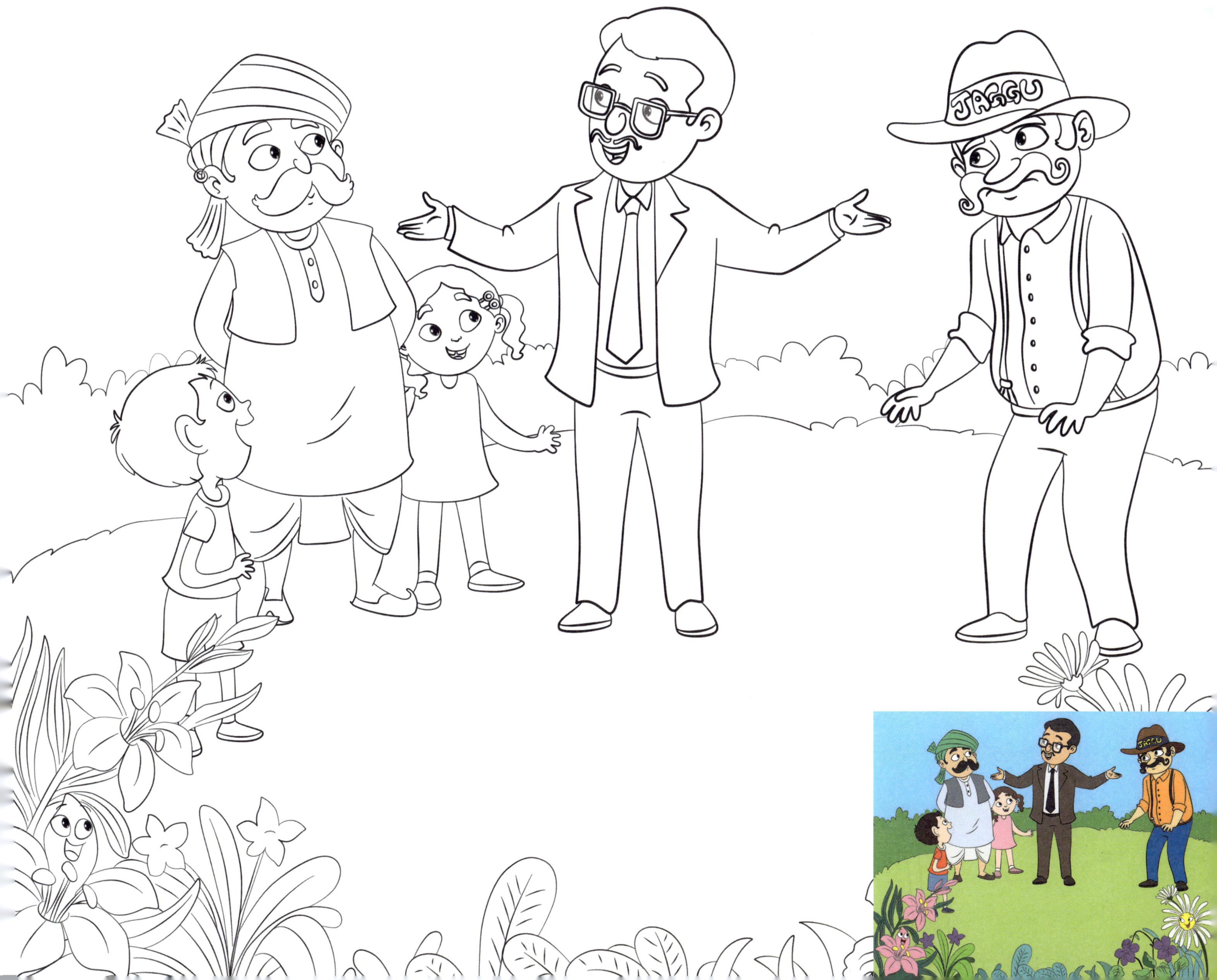
JAGGU

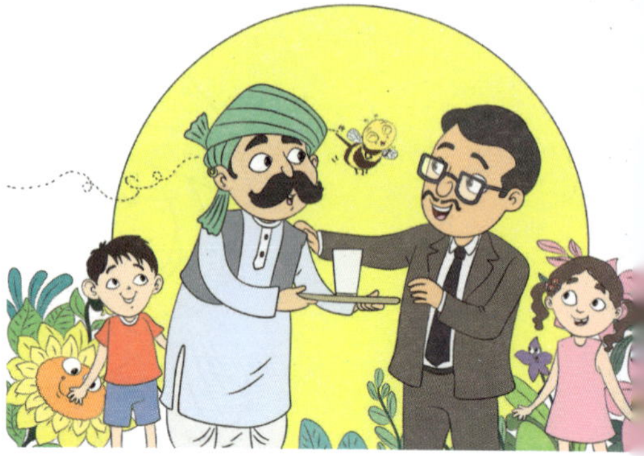

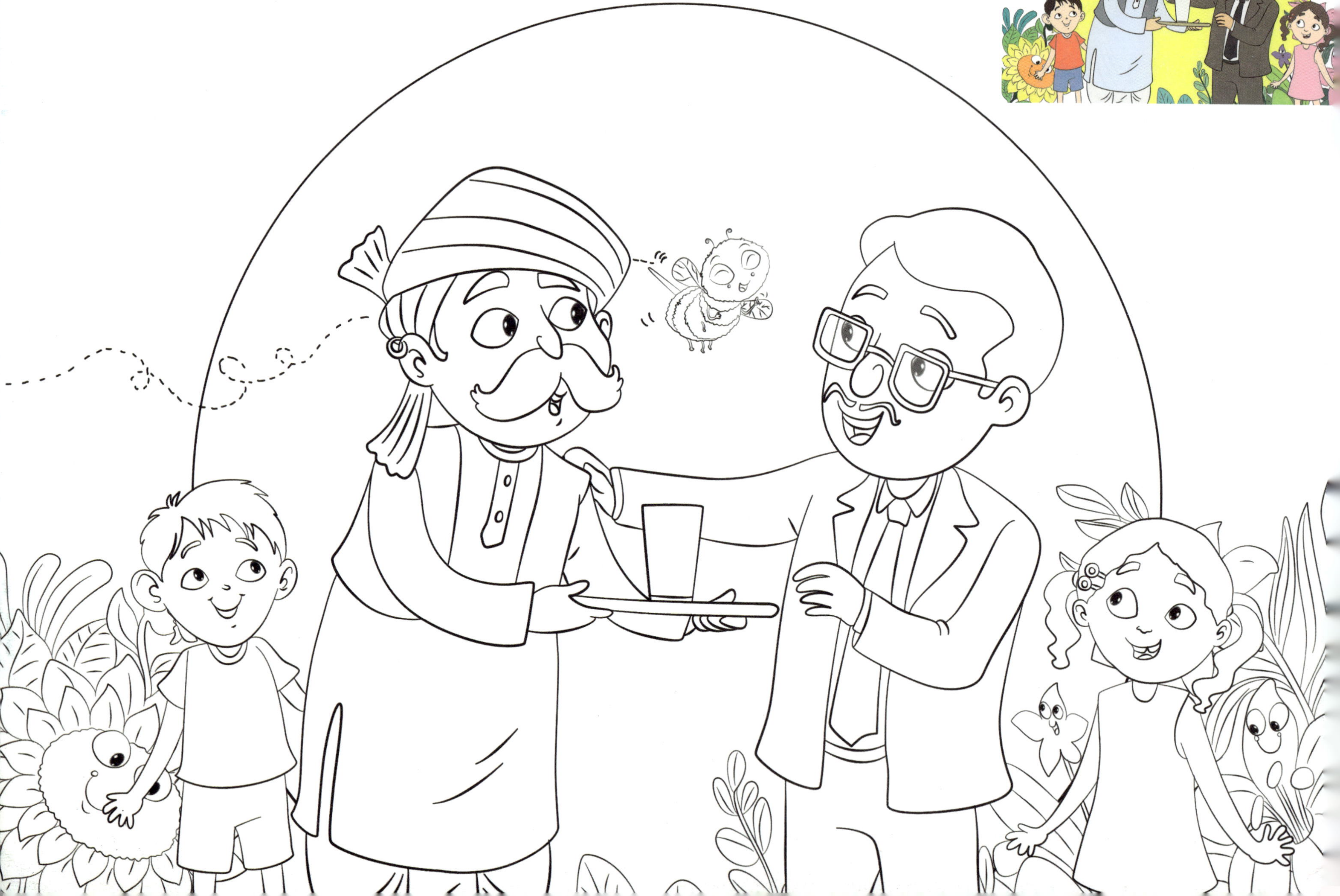